THE STORY IN RESIDENTIAL SPACE

居住空间故事

小户型室内创新设计

CREATIVE INTERIOR DESIGN
FOR SMALL DWELLING HOUSE

田原 编著

中国建筑工业出版社

图书在版编目(CIP)数据

小户型室内创新设计/ 田原 编著.—北京：中国建筑工业出版社，2019.8

（居住空间故事）

ISBN 978-7-112-23493-6

Ⅰ. ①小… Ⅱ. ①田… Ⅲ. ①住宅—室内装饰设计 Ⅳ. ①TU241

中国版本图书馆CIP数据核字（2019）第050685号

责任编辑：费海玲 汪箫仪
责任校对：赵 颖

居住空间故事
小户型室内创新设计
田原 编著

*

中国建筑工业出版社出版、发行（北京海淀三里河路9号）
各地新华书店、建筑书店经销
北京美光制版有限公司制版
天津图文方嘉印刷有限公司印刷

*

开本：889×1194毫米 1/20 印张：8 字数：173千字
2019年10月第一版 2019年10月第一次印刷
定价：68.00元
ISBN 978-7-112-23493-6
（33604）

本书是《居住空间故事》系列图书中的一个分册，共收录了15个精彩案例，在同样一个16~46m^{2}的平面空间里，不同的居住者演绎着不同的城市故事。设计本身就是一种生活方式，设计师利用自身独特的视角和对空间不同的感知和理解，为生活在喧嚣、浮躁中的人们搭建了一个个理想的生活平台。他们将对美好生活的感悟、对设计的虔诚和勇于探索的态度注入这些案例当中，使它们各具性格、生动鲜活。每一个案例都似乎在向我们描述一个关于爱和幸福的故事，像一场“舞台剧”，而找寻灵感、设计编排、方案推敲、空间搭建这一系列工作都是为使生活这个舞台更加炫目和丰富多彩，然后静静地等待主角上场，享受他们在这里的交融与碰撞。

本书中多样化的设计风格是为了满足现代人的生活节奏和迎合不同业主性格的差异，它们或粗犷，或精致，或恬淡，或浓烈，或成熟，或前卫，无一不反映了现代都市人在钢筋混凝土的包围中，对大自然的向往与渴望，对美好生活的热爱与憧憬。每个案例都像一个故事，娓娓道来其设计的灵感来源、设计思路、设计亮点和设计师的设计心得。从平面图、立面图、剖面图，甚至到小的家具分解图，都在诠释同一个居住空间下不同的精彩设计。

本书从各个角度展现了每个小户型设计的精彩之处以及从设计中得来的经验教训等。无论是翻阅图片，还是细品文字，读者眼前呈现的将是一部独特和奇妙的中小户型居住空间设计档案。每一个方案都有原始平面和经过设计改造后平面的对照图，同一户型也会绘制出不同的户型平面布置图。如同一本连环画一样，使读者能够很清楚地了解到改造的特点和设计的思路。本书以图为主，结合分析说明，条理清楚，通俗易懂。又因为属于中小户型住宅设计系列，所以与传统住宅相比有所创新，具有经济实用、个性新颖、节能省地等特点。

本书能够为广大装修业主增添住宅设计基础知识，为建筑师提供可借鉴的设计理念和设计方法，同时可供房地产开发商选用，为相关专业的在校师生作精细化设计阅读参考。

引言

Forword

改革开放四十余载，中国特色社会主义进入了新时代。我国社会主要矛盾已经转化为人民日益增长的美好生活需要和不平衡、不充分的发展之间的矛盾。住房问题尤为突出，特别在北京、上海、 广州、深圳等一线城市。近年来，政府一直通过一系列政策对房价进行宏观调控，但这些政策短期内并没有出现立竿见影的效果。因此，居高不下的房价问题一直被社会所关注，买不买房，买什么样的房，如何买，在哪儿买，逐渐成为老百姓茶余饭后的谈资。城市工薪阶层的经济能力与高房价的不相匹配，也促成了小户型的市场发展契机。购房者结合房屋使用性与自身的经济能力，也对一居、两居等小户型愈加青睐。于是，在开发商与购房者长期的博弈中，经济适用的90m² 以下的中小户型逐渐成为大城市房地产市场高性价比的代表和主流户型，它为买卖双方的诉求找到了平衡点，满足市场大批量需求的同时，也顺应了社会经济发展的潮流。

相对大户型而言，中小户型的设计更加考验设计师的能力，在紧凑有限的空间中，不仅需要满足对空间实用性和多样化的需求，同时还要考虑居住者的舒适性和高品质。这就要求设计师必须拥有良好的空间组织能力、尺度感和细腻的生活态度，这样才能使中小户型的设计更为简洁、舒适、温馨，同时又富于变化。

我国的中小户型建筑和室内设计的研究目前仍处于初级阶段，作为一种设计产品，还有着相当广阔的发展空间。本书选用的命题是“居住空间故事——小户型室内创新设计”。本命题要求所有设计师本着“功能为先、经济适用、小中见大、美观舒适”的原则，从每一个居住者的生活方式和职业特征等需求出发，对中小户型居住空间作深入细致的设计和研究。通过设计实现室内设计中的人与空间界面关系的创新，提倡安全、卫生、节能、环保、经济的绿色设计理念和个性化设计。室内环境中功能设计合理，基本设施齐备，尽可能满足居住及生活的要求，同时力求体现可持续发展的设计理念，注意应用适宜的新材料、新技术和新工艺。对于家居设计，目前很多人还没有认识到其重要性，即使请设计师，也希望获得免费的设计。实际上，好的设计师设计的空间和没有设计过的空间是不具有任何可比性的，经过专业设计师设计的空间在使用功能和美观程度上具有很大优势。不同年龄层次和不同生活背景的人，对于居住空间的室内设计有不同的见解和要求，也会展现不同的特点和风格。尽管青年人和老年人对居住空间的需求是完全不同的，但是由于小户型的空间有限，所以对于寸地寸金的理解是一致的。

对现代人来讲，家不再只具有单一的功能，而是有着更多的含义：休息、放松、聚会、展示、张扬自我，中小户型更加能体现这些特点。每个人都有不同的生活方式和爱好，希望您能通过本书找到适合自己的家居设计风格，找到您的心之安所！

插图设计:曹文婉

参加个案设计团队(排名不分先后):

向　琦　杨　艺　黄　仪　孙　琦　于华健
宋志超　曹文婉　王雅欣　林鑫玲　曾叶青
蔡佑俊　孙恺翊　周佳裕　罗程浩　陈美伊

部分图片与内容整理：吴人杰

目录

Contents

致谢

感谢北京林业大学我们这个项目的同仁们给予我的支持！

感谢我们设计团队的所有设计师对小户型设计的热爱！

感谢很多前辈设计师和摄影师提供的图片！

设计概论

小户型的居家住宅对居住者的影响是多方面的，所以从这个角度讲，选择、安排、布置居家住宅的自然法则的宜忌是十分重要的。
这里所讲的自然法则，主要可以理解为选择、安排、布置居家住宅的一种模式。

1. 家居朝向以南为宜

普遍认为“南方为上，东方次之，西又次之，北不良”。
因为我国地处北半球，南向阳光充足，可以最大限度地摄取阳光，太阳紫外线可杀菌消毒，改善室内卫生条件，冬季可以更暖和，有利于御寒，因此坐北朝南的原则是对自然现象的规律性认识，应根据居者的习惯、在家的时间来安排南向房间的功能。

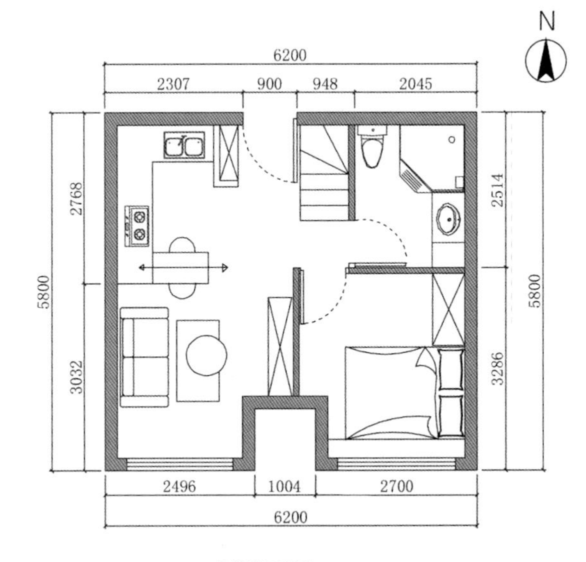

一层平面图1∶100

2. 居室力求方正为宜

一般认为理想的住宅形状是正方形或长方形，且左右对称。因为住宅形状方正，可以使气的能量平衡流布，从而有利于居住者的身心健康。实际使用中，小户型中方正的房子实用率更高，摆放家具也更方便，且有利于通风、采光等。居住其中，会感觉舒畅、心平气和，家庭和睦，家和则万事兴。

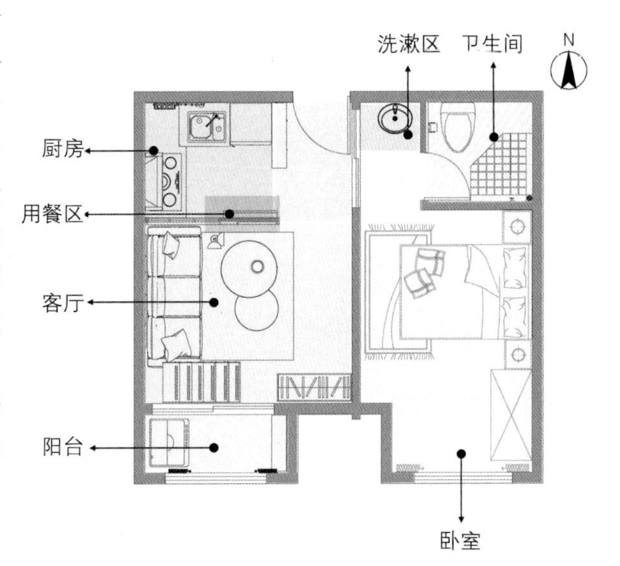

一层功能分区

3. 家居选栽有益的花与树

植物都具有非常旺盛的生命力，种植健康的植物，会创造一个清新活力的环境。古代中式庭院的树木花草随着春夏四季的变化体现建筑与自然的融合。在现代小户型居室中，植物可以为环境的色彩增添变化，而居住者多看绿色的植物会使心情愉悦，同时植物也会释放氧气，吸收二氧化碳，使空气清新。

4. 卧室忌空间大、光线太亮、色彩花哨

卧室只为休息而存在，理想的卧室设计，使人在晚上一踏进卧室便想要舒服地休息，这样自然就会有良好的睡眠质量。如果没有足够的空间，可将衣橱从卧室中去掉，让卧室成为一个单纯的休息空间，也是一种不错的布局。

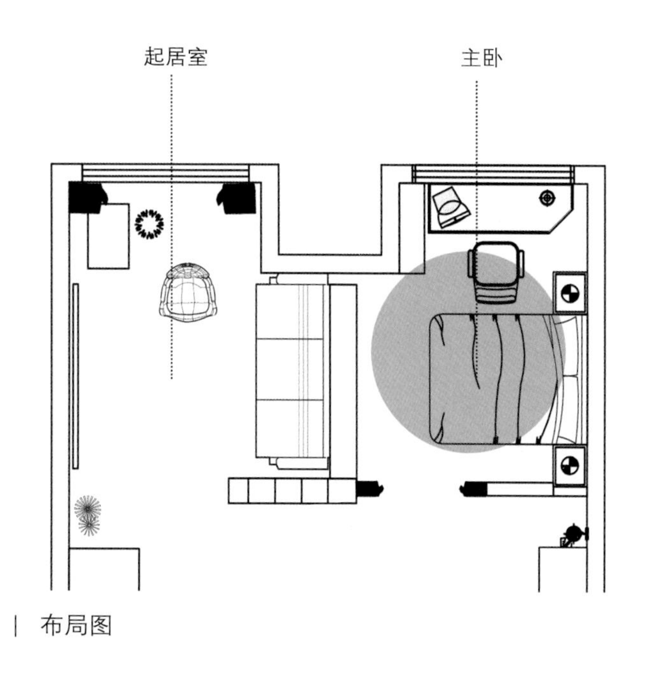

| 布局图

5. 小户型的门户忌相对

门是纳气之口，所有门应错落排列，才不形成对冲。

具体设计中，门的位置对安全性、实用性都有很大影响，一般遵循如下惯例：

厕所门不可与住宅大门相对，只要把厕所门斜开，即可。

厨房门不可正对卧室门。卧室是安静之地，厨房的水、火有潜在危险，特别是燃气泄漏。因此，卧室门应离厨房门远一些，以增加安全性。

厨房门不可正对厕所门，如果两者相对，不但会影响卫生，也十分不雅。

卧室门不可与大门相对，卧室需安静、隐蔽。只要将床位改变，从大门看不到床便可，当然最好调整门的开关方向，比如大门左开的卧室门可改右开。

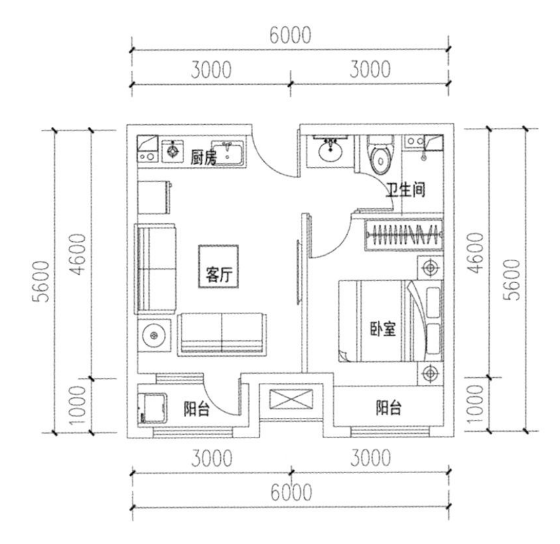

布局图

6. 小户型忌厅小、窗少、乱安门（图1-6）

由于小户型空间本来就少，厅如果小，则不适合安门，否则空间会更加狭窄。而客厅小窗户少，户外的新鲜空气很难进入，所以要避免安装不必要的门，而通道尽头是厕所和房间，一般来说需要安门。

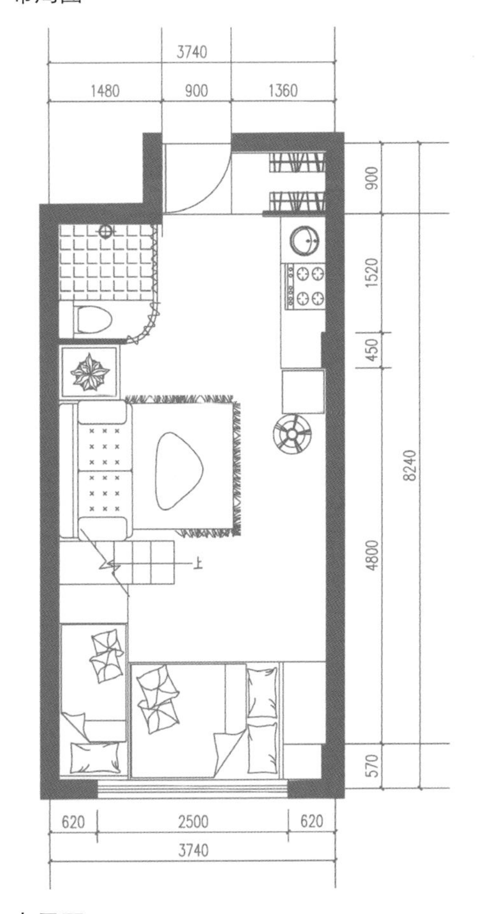

布局图

1. 色彩搭配的方法

在家居设计中，准确地应用色彩搭配，有助于改善生活环境。例如，宽敞的居室可以采用暖色装修，以避免房屋产生空旷的感觉；房间小的居室可以采用冷色装修，从视觉上会让人感到空间变大了。如果家庭人口少，可以搭配暖色系；如果人口多并且喧闹，则可以搭配冷色系。

1.1 同类色搭配

最为保守的搭配方法就是同类色搭配。同类色搭配会使空间色调统一和谐，不会过于呆板，富有变化。比如说，在色彩的选择上选用一些接近而又富有变化的颜色，黄色、橙色、原木色等，这种同类色搭配的方法可以安抚人的情绪，使人们有种舒适的感觉。如果在局部小面积加上其他色调，又可以使整个布局活跃起来。

选用亮黄色的床单，与周围的原木色家具相呼应，整体色调明亮且和谐

颜色接近的灰白色使整个空间关系统一，材质选择的不同丰富了变化，小范围的原木色增添了温馨的气息

1.2 类似色搭配

如果家居里运用的颜色过于浅或过于深，可以利用类似色的方法，使色彩和谐，这样能够使家居生动、明快，令人心旷神怡。例如红、红橙、橙搭配，黄、黄绿、绿搭配，青、青紫、紫搭配等均为类似色搭配。

选用了纯度较低的灰绿色与原木色进行搭配，营造出一个淡雅的生活起居空间，使人心情愉悦

色彩

1.3 对比色搭配

最生动、最显眼的搭配就是对比色，但是很难掌握好这类色彩的搭配方式。例如红、青搭配，黄、蓝搭配等，会使视觉效果华丽、饱满。搭配好对比色，可以让家居氛围活跃，使人兴奋。

粉红色与薄荷绿色搭配，形成了色彩上的对比，使空间环境俏皮可爱了许多，空间也更为丰富饱满

1.4 黑白色搭配

黑与白，让家居褪去缤纷的色彩。两个相反的极端世界，却冲撞出时尚界的永恒主题，具有强烈的对比和脱俗的气质。无论是极简，还是花样百出，都能营造出十分引人注目的优雅味道。时尚简约的黑白色调越来越受到年轻人的追捧，而小户型空间的住户也是年轻人居多。所以黑白色调的装修风格也是一个不错的选择。

"黑白屋"的设计当中整体选用了黑白色调，大面积的白色橱柜搭配小面积的黑色钢结构家具，时尚简约，点缀的红色软装饰品，增添了活跃的气氛

卧室空间选用深浅不一的黑白色调，层次上变化丰富，营造出舒适的睡眠空间

2. 小户型家居设计中色彩的运用

2.1 确定主色调

进行家居设计时，首先要确定的就是主色调，主色调即为顶棚、墙壁以及地面的色彩，这三方面是整个家居的大面积色调。各部分的色彩变化都应该服从于一个主色调，其他色为辅，无论色彩的搭配以什么形式出现，或者调整后的色彩多么丰富，其中最主要的还是要保持整体的统一协调。无论是家具还是装饰物，都要整体统一，有了主色调，就会使整个居室在视觉上统一。

选用了米色调作为设计的主色调，会使空间显得空旷，使居室给人清新开朗、明亮开敞的视觉感受

2.2 确定重点色

顶棚、墙壁以及地面属于大色调，这种基调起着背景色的作用。如果居室的某个地方需要以鲜明的颜色作为点缀，而这部分就会成为重点。这就要考虑好主色调和重点色之间的关系，主色调一般选用明度比较高、纯度比较低的颜色，而重点色正相反，会采用纯度比较高的颜色。

| 在这个空间中白色是主色调，而橙色就是重点色

2.3 装饰物的颜色

装饰物可以根据季节变化来摆设，比如夏季，可以挂冷色系的窗帘，这样会使室内显得凉爽；相反，冬季可以悬挂暖色系的窗帘，使室内显得温暖。选择家居饰物时，可以根据材料的性质或者选用接近的色彩进行搭配，会有很好的协调效果。例如，书房可以用浅蓝色装饰，能够使人集中精神学习。

| 书房空间的窗帘、座椅都选用了蓝色，给人以宁静的视觉感受，能够有效提高人的注意力

2.4 功能型配色

色彩也要满足房间的用途和精神要求，明确房间的使用性质。例如，老年人、夫妻、小孩，他们对色彩的需求完全不同，因此要根据不同的对象和不同的使用功能来设计。小户型家居设计中，色彩是以动态变化的形式出现的，多种多样的色彩变化丰富了人们的日常生活需求，为人们带来了感官上的体验，不仅美化环境，还能提高人们的生活质量，有利于身心的健康。正确的色彩搭配，必须熟练地掌握色彩的运用，形成既有对比变化又有协调统一的视觉效果，才能营造出高雅的人性化家居氛围，为人们创造一种全新的生活方式。

| 年轻人的室内空间以亮丽的色调为主，薄荷绿色的座椅增添了年轻的气息

| 男性青年常采用深色为主色调，深沉稳重，又不失大气

3 注意事项

TIP1 盲目使用暗色墙面

大面积使用暗色系墙面会显得深邃。但在小户型中大量使用暗色系，尤其是灰色系墙面，反而会让人有挤压感，在心理上感觉空间变小了。

建议：建议采用浅色系墙面，特别是白墙最合适，且小户型色彩不宜太多、太杂。

TIP2 盲目使用明艳色调

一般而言，明亮的色彩可以让空间显得开阔明亮，但小户型采用大面积明色系容易产生视觉疲劳。

建议：亮色最好为适当的点缀，还应配合暗色的地板和家具进行过渡。

照明

1. 室内照明方式的分类

室内照明方式按受照空间分为一般照明、分区照明、局部照明和混合照明。

室内照明方式按照明灯具分类可分为直接照明、间接照明、混合照明、折射照明。这些照明手法和形态造型组合，可产生光的层次、节奏、光影、虚幻、动感等光效与艺术效果。

室内照明方式按照明对象可分为重点照明和泛光照明。

2. 照明在小户型室内设计中的运用

对于照明设计来说，除了灯饰本身的灯光外，还与空间的面积大小有关。小户型一般包括一室一厅和单一居室两种情况，使用面积比较狭小，在灯具的选择上，可以从以下方面着手：

1）运用整体灯光与局部灯光

由于居室面积狭小，使用整体灯光为佳，太多的光源会使本就狭小的空间产生凌乱感。根据空间的划分，适当增加局部照明，以增加居室光照的丰富性。

2）灯饰的色彩可使空间产生扩大感

冷色调的荧光灯有扩大空间感的效果；暖色调的白炽灯会让空间产生收缩感。此外，瓦数越大的光源，明亮度就越高，也可以使空间产生扩大感。

3）合理规划功能区域

根据居室内的功能分区及要求进行照明设计，根据各个房间和空间块面的特殊情形来进行照明灯光的具体布置。在选择和设计灯光、灯具时，要综合考虑灯饰与整体空间的协调。

3. 各个空间的照明设计要点

3.1 门厅

门厅是一个居室的门面所在，应考虑空间装饰艺术性与功能性的平衡，应采用间接照明与局部照明相结合的方式。门厅处一般没有窗户，自然采光较差，选用的灯具照度应稍亮一些，以免给人晦暗、阴沉的感觉。另外，对门厅空间中的一些装饰物，如壁画、植物等进行局部照明，利用灯光对装饰元素加以提亮，能够突出重点，增强空间的艺术感。

| “和风物语”案例中，门厅处日式的壁灯对陈设重点照明，具有营造空间氛围的作用

3.2 起居室和客厅

起居室和客厅是家中最主要的休闲、活动空间，其照明方式及亮度应满足使用需求，同时也要考虑灯具本身的造型及装饰性。客厅空间内首先宜使用小射灯或轨道灯等小巧的灯具作为一般照明，给客厅提供大面积的采光光线，使空间明亮起来，小户型一般不适合选用大型华丽的灯饰，会显得拥挤。另外根据功能分区及要求设置局部照明和陈设照明（如台灯、地灯、陈设柜内照明、壁灯等），以增强光线的层次感，营造独特的空间氛围。

| “Growth Record”案例中，客厅中有吊灯和射灯照明，局部有地灯照明，烘托出明亮温馨的家庭气氛

| “Dearhouse”案例中，客厅中使用一般照明的方式，明快而不失温暖

3.3 餐厅

餐厅整体照明要求色调温暖、宁静。灯具的造型、颜色要与周围的环境和餐桌椅、餐具等相匹配，构成一种视觉上的美感。小户型的餐厅照明以重点照明为宜，主要的灯光宜集中在餐桌，可在餐桌的正上方吊一个以下射分量为主的吊灯，高度距桌面约0.6～0.9m较宜，其显色性应该偏暖色，能够使菜肴的色泽看起来更有食欲。

| “和风物语”案例中，餐厅上方运用了吊灯进行重点照明

3.4 卧室

卧室是休息的隐私空间，柔和化是卧室灯光的布置要点，这样才能使主人的情绪获得放松。因而卧室的灯具照明最好以温馨暖和的黄色为基调。同时，床头上方可嵌筒灯饰或壁灯，也可在装饰柜中嵌筒灯饰，使室内更具浪漫舒适的气氛。一般睡房的灯光照明，从灯光的功能角度来划分，可分为普通照明、局部照明和装饰照明三种。普通照明供起居作息；而梳妆、更衣、阅读等活动，则需要完善的局部照明；装饰照明的作用，则在于营造空间的气氛。

| “Dynamic | Still 空间”案例中，卧室中使用吸顶灯、小台灯、壁灯

| “Mèo House 猫宅”中的卧室，使用吸顶灯和金色的壁灯

3.5 书房

书房是进行视觉工作的场所，照明应按照有利于人们学习和工作的原则设计,光线要柔和明亮，避免眩光。在布光时要协调一般照明和局部照明的关系，总体照明不应过亮，以便使人的注意力全部集中到局部照明作用的环境中去，而只有局部照明的工作环境也是不可取的，这种光环境明暗对比过于强烈，会使人在长时间的视觉工作中眼睛产生疲劳。

| “Dynamic | Still 空间”案例中，壁挂式照明在提供功能的同时充分利用空间

3.6 厨房

在厨房内除了采用吸顶灯作为一般照明外，局部照明也是需要的，可采用独立开关的射灯在厨房各个角度发挥局部光照作用。灯具的造型以功能性为主，实用大方，且打扫清洁方便。由于人们在厨房中烹饪需要较长的时间，所以光线应明亮温和且不刺眼，这样才能提高烹饪的热情。

| “Growth Record”案例中，厨房中使用了吸顶灯，橱柜中运用了下照式照明，利于操作

3.7 卫生间

卫生间要用明亮柔和的光线均匀地照亮整个室间。根据功能要求，可在洗面池上方或镜面两侧设置照明器，使人的面部能有充足的照度，方便化妆。室内一般照明器的安装位置要考虑不应使人的前方有过大的自身阴影，同时应选用暖色光源，创造出温暖的环境气氛。

| “黑白屋”案例中，卫生间中的镜面与照明结合，方便洗漱

3.8 门厅走廊

门厅、走廊、楼梯间、通道等处的灯光最好有自动开关设备。门厅的灯，常为低照度的灯光，最好在门厅设置几个吸顶灯或较亮的壁灯。走廊穿衣镜和衣帽挂附近最好设置能调节亮度的照明灯。楼梯间、走廊最好能设置三相式开关以满足不同的使用要求，因为这些地方的照明趋向于长时间使用。楼梯需要良好均匀的照明，以保证每一级台阶都被清晰地照亮。在楼梯上避免使用聚光灯，以免产生阴影。

| “Dear House”中的走廊，光照明亮均匀，视野清晰

小户型居住空间的面积有限，但不代表生活被拘束。在室内点缀清新亮丽的植物不仅可以起到观赏的作用，对生活器具和场所进行美化装饰，更可以清新室内空气、优化室内环境，使家居生活的颜色丰富多彩。

恰当的室内绿植配给可以良好地解决小户型空气不易流通、家具气味不易挥发等小弊端。如果身处工作节奏快、生活压力大的大城市中，当你每天回到自己的小屋内都可以看到一抹清新的绿，那疲倦的视觉感官和心态都会得到很好的调节。

1. 适宜于室内生长的7种植物

1.1 琴叶榕

琴叶榕的名字源于其叶子像提琴的造型，它一年四季常绿，目前在欧美的室内装饰中非常流行，极适合种植在室内明亮的窗边。买入的时候一般只有小小的一盆，但经过悉心的养护，一年便可以长成漂亮的盆栽树。配合家居环境，可以较好地点亮室内的色彩效果。唯一的种植困难在于它喜暖怕冷，冬天其生长的环境温度要维持在5℃以上。

| 琴叶榕

1.2 龟背竹

艳丽多姿的龟背竹是著名的室内盆栽观叶植物，在近几年北欧风格的风靡中名声远扬，受到越来越多户主的喜爱。龟背竹虽名为竹，但不是竹子。龟背竹原产于墨西哥的热带雨林中，根叶均为绿色，花朵为淡黄色，喜欢温暖、湿润、凉爽的气候，但盆栽龟背竹不耐高温，不能忍受阳光直射，也不耐寒，冬季的室温不能低于10℃。

| 龟背竹

1.3 鹤望兰

鹤望兰，又名“天堂鸟”或“极乐鸟”，它的学名是为纪念英王乔治三世王妃夏洛特而取的。因鹤望兰花形奇特、色泽艳丽，夏季可水养20天之多，而冬季可长达50天左右，有“鲜切花之王”之称。它叶大姿美，花形奇特。盆栽鹤望兰适用于会议室和厅堂环境，具有清新、高雅之感。南方地栽于庭院，颇增天然景趣。

鹤望兰

1.4 芦荟

一盆芦荟相当于9台物理空气清洁器，芦荟盆栽素来有“空气净化专家”的美誉，对于甲醛、二氧化碳、二氧化硫等有害物质都有良好的吸收效果，这对于刚刚装修完的新家来说是不得不养的净化利器。在4小时的光照条件下，一盆芦荟可净化空气中一部分的甲醛，每当室内的有害气体过高时，芦荟的叶片就会出现斑点，这便是芦荟的求援信号，但只要多在家中增添几盆芦荟，空气质量便会很快趋于正常。

芦荟

1.5 吊兰

吊兰能在微弱的光线下进行光合作用，能吸收空气中95%的一氧化碳和85%的甲醛，一盆吊兰在10m^2的房间就相当于一个空气净化器。一般在房间内养1~2盆吊兰，能在24小时释放出氧气，同时吸收空气中的甲醛、苯乙烯、一氧化碳、二氧化碳等致癌物质。吊兰对一氧化碳和甲醛等有害物质的吸收力特别强，吊兰还能分解苯，吸收香烟烟雾中的尼古丁等有害物质，是男主人有吸烟习惯的家庭的一剂良药，所以吊兰又被称为室内空气的绿色净化器。

吊兰

1.6 春羽

春羽叶片巨大，全叶羽呈粗大的羽状深裂，浓绿色，且富有光泽，叶柄长而粗壮，其生根极发达而被垂，株形优美，整体观赏效果好。同时它喜高温多湿环境，又耐阴，在光照不足的室内是极好的观叶植物。

春羽

1.7 巴豆

巴豆的叶子颜色丰富多彩得让人惊叹，你找不到比它更为艳丽的室内观叶植物了。它的叶子有柠檬绿、鲜橙色、荧光红和深紫色等数十种颜色。当你第一次把这个盆栽带回室内时，它可能会有不良的反应，落叶极多，但是不用烦恼，这是正常的情况，只要细心照顾，它会很快恢复并且活得很久。但是巴豆叶对光照的要求很高，如果放在阴面是很难养活这个美丽的植物的。

巴豆

2. 室内盆栽的种植技巧

小户型面积的局限性使室内盆栽的种植不能像传统方法一样，用大花盆栽种大盆景。但是当我们把纵向空间（也就是墙面）和室内的琐碎空间（比如桌子、台面、角几、洗手池）都充分利用起来，种植小的盆景、水培，就可以既不占用房屋面积，又能最大范围地美化空间。

2.1 壁挂绿植

小户型的墙壁就像一面多维空间的纸盒，通过不同的打开方式可以获得各种充满惊喜的空间，尤其是当我们用绿植搭配来进行装饰的时候，更能给住宅带来意想不到的点缀。壁挂绿植的魅力在于，可以在墙面上搭配出自己心中最向往的设计，在一片葱郁而富有诗意的植物里，将灵感倾注于自己家中的自然。在这种，信手拈来的随意中，处处都体现着主人的细心。

白色长方形边框的绿植壁挂，挂在墙壁上，可以让现代化的房屋充满艺术情趣。多肉与蕨类植物的搭配，层次丰富，色彩斑斓，适合各种现代风、北欧风、工业风的家装风格。

方形壁挂绿植

圆形壁挂绿植

2.2 景观生态瓶

户型面积有限制，但是生活总是充满着无限创意。绿植的承载物当然也有很多类型，比如今年流行的苔藓微景观生态瓶，它受欢迎的原因一来是占据空间很小，二来是仅需一个小巧的玻璃器皿就能创造出一个精灵世界般的空间，是一个既简单、低成本又能无限发挥设计的装饰物。

这种微景观盆栽适合养苔藓类、仙人掌或者多肉等多种生长周期慢的植被，不需要阳光直射，放在室内桌子上、茶几上都可以，每天只需往玻璃瓶里喷点水即可维持它的生命力，而且任何一种设计风格都可以与它很好地融合。

| 生态景观瓶

| 悬挂式生态景观球

2.3 水培植物

水培是一种新型无土栽培的室内的植物，又名营养液培。采用这种无土栽培技术培育出来的水培植物以其清洁卫生、格调高雅、观赏性强、环保无污染等优点而得到了国内外花卉消费者的青睐。科学研究表明，水培植物的根系部分，对于空气中的有害物质吸附能力更强。水培植物因其植物特性及与矿物质结合的能力，对改善室内空气有特别突出的过滤效果。现在有越来越多的植物可以通过水培栽种，如滴水观音、吊兰、合果芋、绿萝、铜钱草、紫竹梅等，种类多种多样，外观更是千姿百媚。

这样的种植方式既节省了植物的占地空间，又免去了种植、换土、施肥等种种琐事，只需要半个月给花盆换一次水即可，环保又干净，在快节奏的城市生活中成为越来越多年轻人家庭绿植的首选目标。

| 小型水培器皿

| 大型水培植物

织物——小户型的布艺配给

布艺在现代家庭中越来越受到人们的青睐，小户型的居住空间硬装可改动的范围较小，但是如果将室内布艺的材质、色彩灵活运用搭配，便可以极好地美化我们精致的空间。如果说，家庭的硬装为房屋坚挺的“骨骼”，那么布艺作为软装饰，在家居中便如同细腻的“皮肤”一样撑起颜值、散发魅力。

软装饰中的布艺装饰以其丰富的装饰性、实用性及图案色彩的各种搭配组合带来的创造性，对室内气氛、格调的营造起着很好的作用，良好的布艺搭配可以柔化室内空间生硬的线条，给居室营造一种温馨的氛围。

1. 布艺的分类

当代生活中，布艺的运用几乎无所不在，它的分类方法极多，在我们的家居生活中可以按照使用空间和功能分为以下几大类：

1.1 餐厅类　包括桌布、餐巾、餐垫、杯垫、餐椅套、餐椅坐垫、桌椅脚套、餐巾纸盒套、咖啡帘、酒衣等。

1.2 厨房类　包括围裙、袖套、厨帽、隔热手套、隔热垫、隔热手柄套、微波炉套、饭煲套、冰箱套、便当袋、保鲜纸袋、擦手巾、茶巾等。

1.3 卫生间　包括卫生（马桶）坐垫、卫生（马桶）盖套、卫生（马桶）地垫、卫生卷纸套、毛巾挂、毛巾、小方巾、浴巾、地巾、浴袍、浴帘、浴用挂袋等。

| 布艺餐桌布

| 布艺围裙

| 布艺浴巾

1.4 装饰与陈设类 壁挂式有信插、鞋插、门帘和装饰类壁挂等，平面陈列式有各种工艺篮、布艺相框、灯罩、杂志架、各种筒套等。

| 布艺相框

1.5 垫子类 用于客厅和起居室以及其他休闲区域的各类坐垫，其配套的形式和设计手法不胜枚举。

| 布艺坐垫

布艺往往能为家居点睛，能很好地诠释家居主人的喜好和品位，所以布艺在家中的地位已经大大提升，不再是配角。在"重装饰"的国外，布艺品牌非常活跃，如今在广州也能看到不少来自世界各地的精致床品。这些来自意大利、澳大利亚、以色列、英国、德国的床品，售价不菲，却以其特色引起人们的关注。

布艺以轻巧优雅的造型、艳丽的色彩、和谐的色调、美丽多变的图案、柔和的质感给居室带来了明快活泼的气氛，更符合人们崇尚自然，追求休闲、轻松、温馨的心理和品位。同时，布艺还具可清洗或更换的特点，随时都可以根据自己的心情，更换不同颜色的布套。布艺装修比其他装修手段更实惠、更便捷。

2. 布艺材质

布艺的材质主要分为棉布、麻布、丝绸、呢绒、羊毛，以及梭织、针织面料等。

2.1 棉布 用棉纱织成的布，是各类棉纺织品的总称。它的优点是轻松保暖、柔和贴身、吸湿性、透气性甚佳。它的缺点则是易缩、易皱，外观上不大挺括美观，在家居生活中的主要种类有平布、府绸、卡其、哔叽、华达呢、平绒等。

| 棉布

2.2 麻布 以亚麻、苎麻、黄麻、剑麻、蕉麻等各种麻类植物纤维制成的一种布料。麻布制成的产品具有透气清爽、柔软舒适耐洗、耐晒、防腐、抑菌的特点。它的优点是强度极高，吸湿、导热、透气性甚佳。它的缺点则是贴身时不甚舒适，外观较为粗糙、生硬，在家居生活中常用在突出观赏性的位置。

麻布

2.3 丝绸 一种用蚕丝或合成纤维、人造纤维、短丝等织成的纺织品；在古代，丝绸就是蚕丝（以桑蚕丝为主，也包括少量的柞蚕丝和木薯蚕丝）织造的纺织品，现代由于纺织品原料的扩展，凡是经线采用了人造或天然长丝纤维织造的纺织品，都可以称为广义的丝绸。丝绸制品贴身质感舒适，而且具有隔声阻燃的特点，是家纺中的优选。

丝绸

2.4 呢绒 又叫毛料，它是对用各类羊毛、羊绒织成的织物的泛称。它的优点是防皱耐磨，手感柔软，高雅挺括，富有弹性，保暖性强。它的缺点主要是洗涤较为困难。

呢绒

2.5 羊毛面料 即以羊毛为原料纺织而成的面料，分为梭织面料和针织面料。纯毛面料色泽自然柔和、保暖效果好，是制作高档布艺首选面料。

羊毛面料家具饰面

如何高效利用较小的居室面积，对于大多数使用者来说是一个不得不思考的问题，收纳空间能否合理利用直接影响到空间整体效果。由此，本章总结出小户型的储物空间的收纳方法，主要分为以下几点：

1. 立面的储物空间

| 橱柜立面合理储物

| 立面宠物收纳区

2. 整面墙的储物空间

| 整面墙式储物空间

3. 隔断储物

| 沙发后侧木质隔断的收纳功能

4. 书架的收纳空间

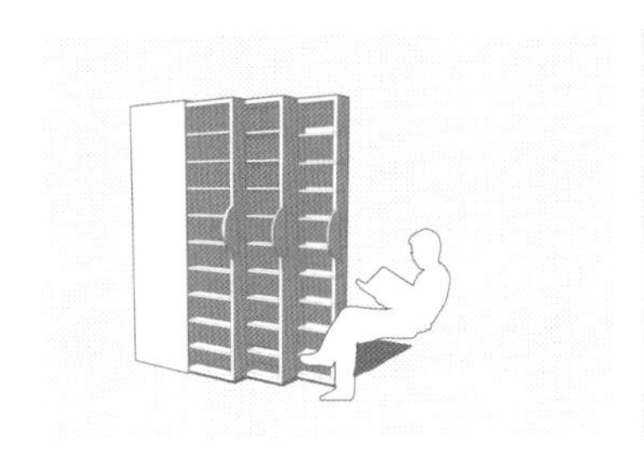

| 三层抽拉书架

| 书架储物

5. 家具的多功能储物

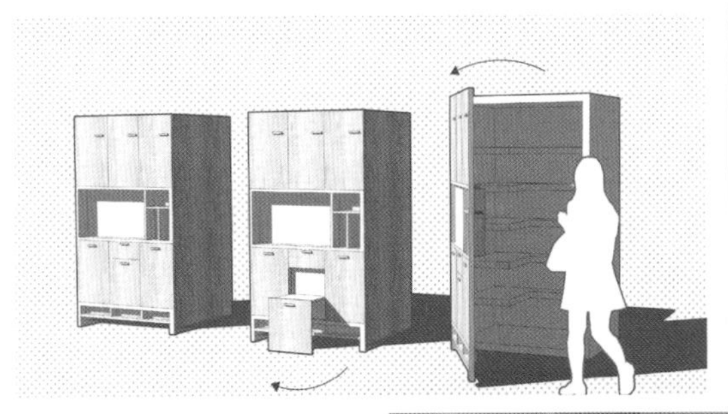

| 收缩式门厅凳
步入式衣柜

| 床下储物1

| 床下储物2

| 床周边储物

6. 楼梯下方储物空间

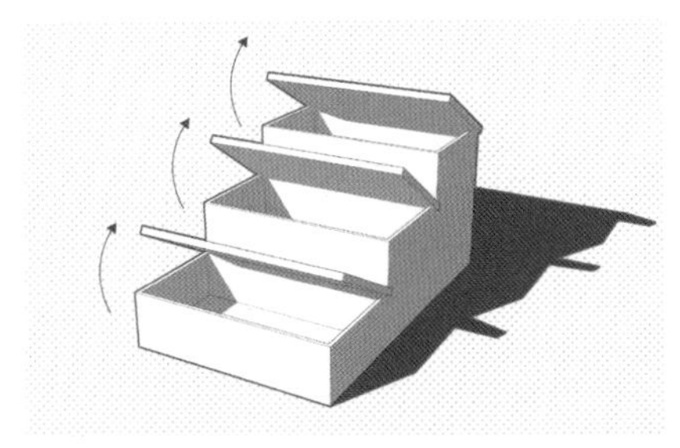

| 翻盖式收纳楼梯

| 楼梯下可以
收纳的区域

7. 收纳抽屉与储物盒

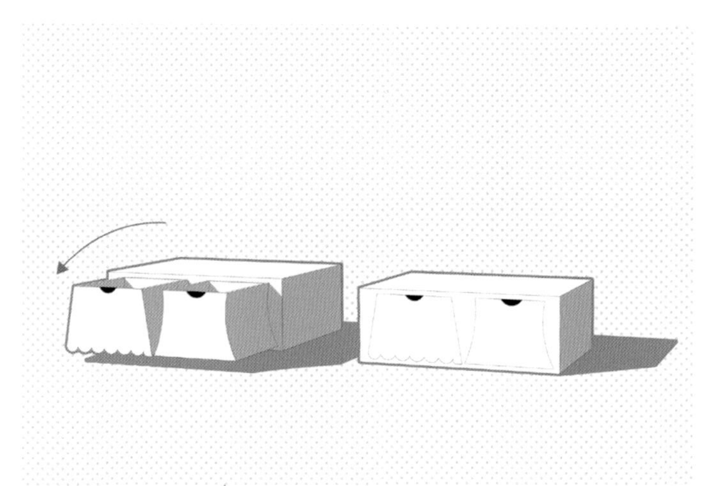

| 衣服形状收纳抽屉

| 储物盒座椅

8. 其他一些尽量不被浪费的空间

| 就餐空间储物区（储酒瓶、酒杯）

| 洗衣区域的收纳方法

| 非承重墙部分中空

“共创空间”小户型公寓设计

总的设计理念

这座色彩柔和的公寓，总面积达35m^2。设计过程中注重强调它的趣味性及功能性。整体设计体现简约和优雅，希望把这个小公寓设计成一个神奇的避风港。从起居室、厨房到睡眠区，主要目标是打造一个清新、舒适、温馨、功能齐全的居住空间。

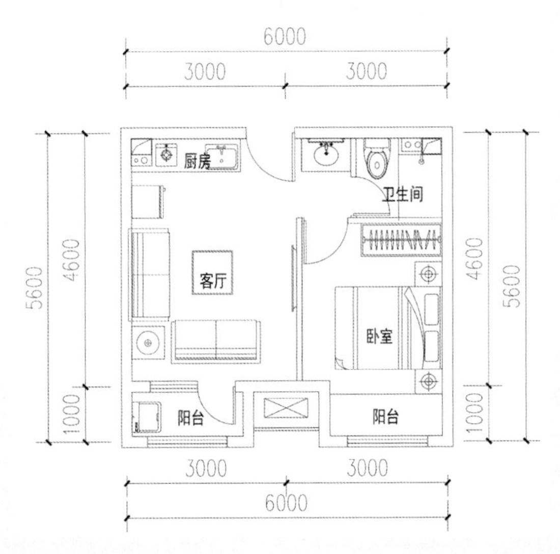

原平面图

设计布局中规中矩，客厅、卧室采光较好。空间布局紧凑，视觉面积小，空气流通性较差，小户型设置两个阳台有些浪费。没有工作区域，没有固定的餐桌。

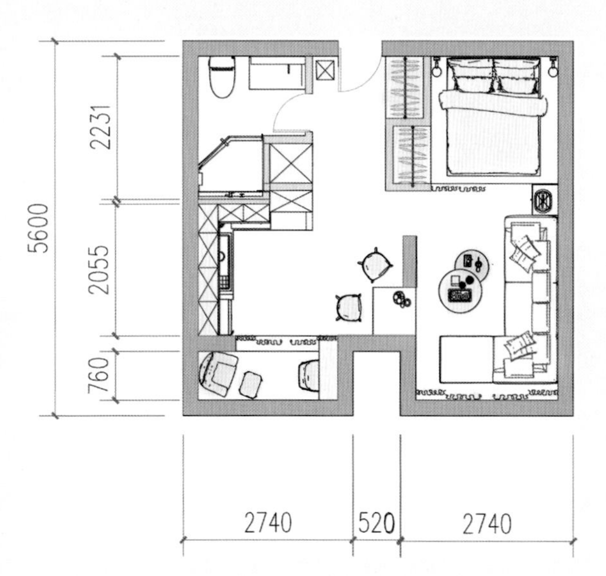

| 改造后平面图

对原有平面的变动	原空间布局紧凑，视觉面积小，空气流通性较差，小户型设置两个阳台有些浪费空间。现将客厅、卧室、厨房连通在一起，采用半开敞设计，既可增大视觉面积，又能保持相对独立。去掉一个阳台，增大了客厅的面积。可移动的餐桌、电视机，给空间布局的变化带来更多可能性。

餐厅	餐桌设计为可移动，且可折叠。餐桌与墙上折叠桌配合可以形成一个吧台，休闲的时候品红酒。另外，多种组合形式可以增大其使用面积，最多能接待5~6人，平时没有需求时可以节省空间。

厨房	将常规的地柜与洗衣机结合设计，将台面连成了整体一块，使原有的L形台面变成了Z形，增大了使用面积，也提高了视野的开阔性，做饭时还能看到门厅的情况。

主　卧 设计有地形抬高，增强安全感和私密性，不想被阳光打扰时，可以拉上窗帘。地形抬高处同时也是储物空间，增大储物空间，提高空间利用率。投影仪可依靠顶棚上安装的滑轮进行移动，移动到合适位置，配合升降式幕布，可实现在床上、沙发上都可以看电影。

卫生间	地面、墙面统一瓷砖。独立洗浴、互不干扰。

起居室	客厅正前方有一个较窄墙体，墙体中间部分（悬挂电视的区域）安装有旋转轴承，需要时可把电视旋转180° 到另一侧，吃饭时、做饭时也可以看电视。

设计的风格	是以浅米黄色系作主要基调的俄罗斯风格设计，轻盈、华丽又细腻，充满艺术气息。整体设计体现简约和优雅。
设计的空间特点	由于业主对储藏空间的需求量比较大，所以设计巧妙地增加了很多功能性的储藏空间，其中床被架了起来，底下的部分可以用来放东西，而且能把睡眠区和起居室隔开。同时，很多地方可以移动，空间布局随之改变，适应不同情况的需求，也增加了趣味性。
色彩	起居室搭配着柔和的颜色，效果令人十分满意。尽管空间有限，但是让人感觉十分宽敞并且通风良好。白色与粉色的混合搭配、砖墙艺术、浴室的纵横搭配、设计精美的厨房以及阳台，让人沉浸其中。
适合人群/目标人群	主要面向单身青年人，追求创新与趣味性，同时追求功能齐全，方便接待朋友或父母。

A

装饰元素

方案面向单身青年，所以在装饰物的选择上，颜色主要选择了明亮的色调，像明黄色、薄荷绿等，给空间增添了一抹靓丽的色彩。在灯具的选择上，也选择了年轻人所喜爱的简约的款式，简洁大方，但又不失设计感。同时，在装饰画的装饰上，选择了以黑白色为主的挂画，丰富了居住空间的装饰性，增添了生活的气息与设计感。

软装元素

软装元素	阳台空间的装饰元素主要是集装箱模式，设计了集装箱式的储物盒，同时又兼具了座椅的功能，颜色是选用了明亮的淡蓝色，与窗户的颜色相呼应。吧台的装饰亮点则是位于一侧的黑板墙面，可以自己DIY各种图案纹样，使空间活泼了起来。薄荷绿色的吧台座椅，也为整个空间注入了新鲜的活力，使空间生动了起来。

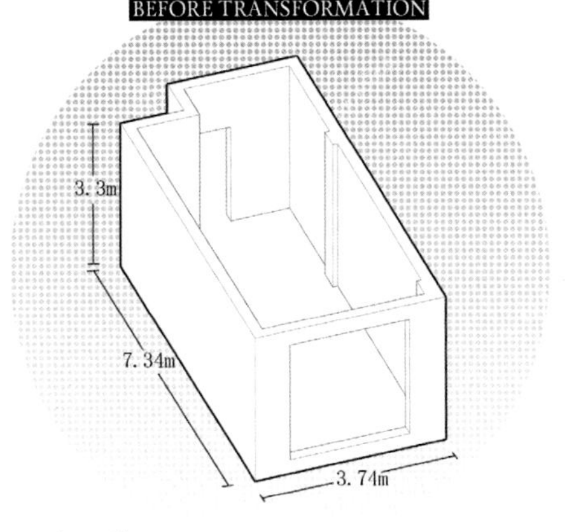

改造前

26.74 ㎡

户主要求	一对刚参加工作不久的年轻夫妇，希望通过对小户型合理利用来降低装修预算。他们都是电影发烧友，热情好客，喜欢请朋友来家中聚会，双方父母从外地来探望时经常需留宿。因为双方各方面条件限制暂不考虑要孩子。
男主人	28岁，认为靠窗的工作台使自己工作高效，不喜欢拥挤的室内空间，喜欢精致极简的室内装饰风格。
女主人	25岁，喜欢开敞明亮的空间，要求室内必须有充足明亮的采光。
设计要求	设计整体采用北欧简约风格，以洋气的木色搭配黑白灰的装饰手法，满足户主提倡简洁设计的需求；大面积的开窗、白色运用，极大地增强了室内宽敞明亮的效果，使得白天的采光可以达到室内最深处，充分为户主考虑到了节能环保方面的要求；深木色的地板搭配浅木色衣柜，半圆形的木片支架，除去繁杂色彩的布制品，金色的水龙头和花洒，阳光下的吊床，整个设计在26m²的空间内，做到了简洁不拥挤，同时又不失清新活泼，暗藏着年轻人的生活方式与朝气。

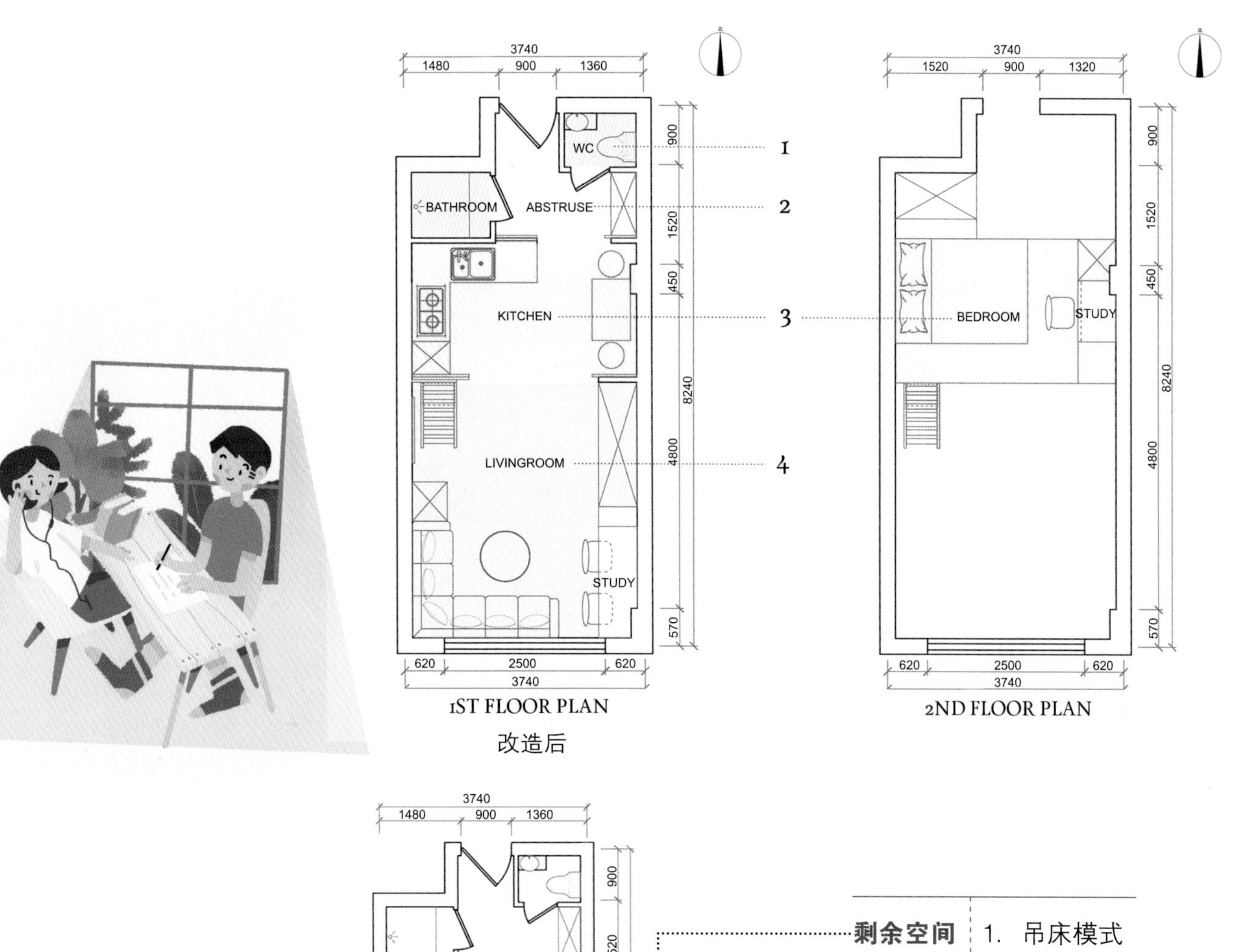

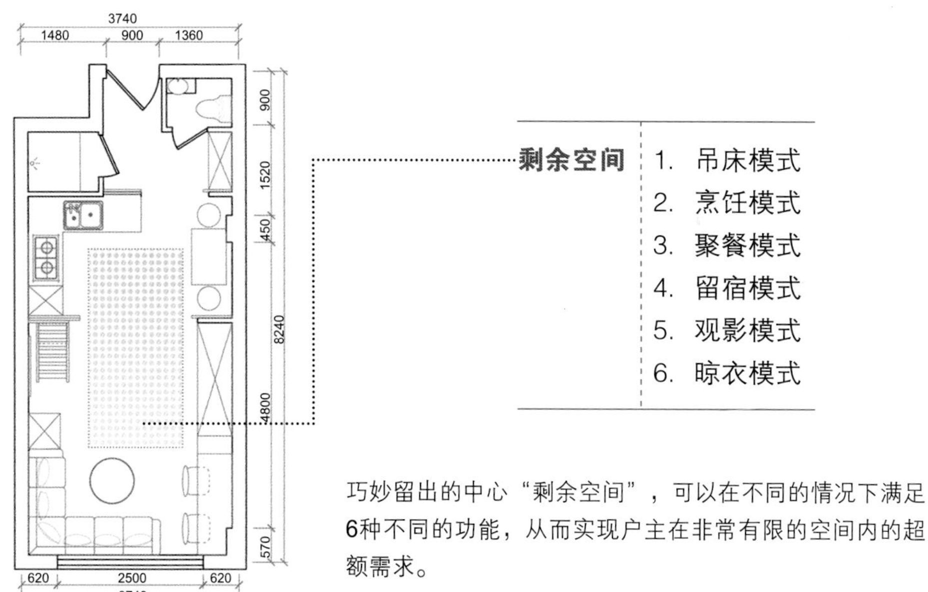

巧妙留出的中心“剩余空间”，可以在不同的情况下满足6种不同的功能，从而实现户主在非常有限的空间内的超额需求。

❶

吊床模式 充足的“剩余空间”给予女主人阳光下在吊床上躺着看书的可能性，充分展现了年轻人的生活方式。

❷

晾衣模式 充当吊床吊杆的同时，也是晾衣的衣杆，在起居室的洗衣机里甩干后可以非常方便的在阳光下直接进行晾晒。

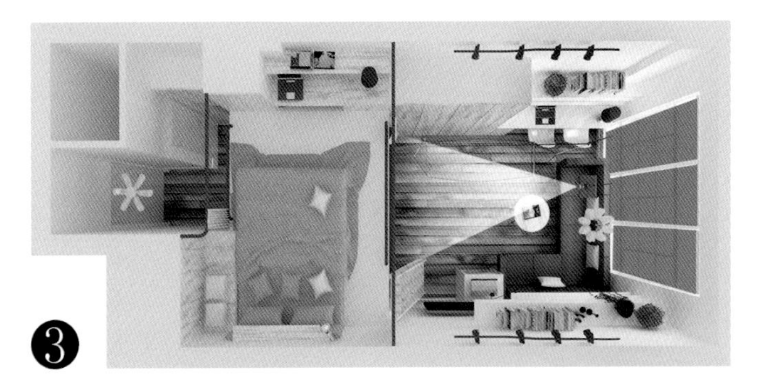

❸

烹饪模式 将玻璃推拉门关闭可以形成一个短暂的封闭空间，油烟和气味从内部的通风系统排走，避免进入起居室与卧室。

❹

聚餐模式 玻璃门打开，原本的折叠桌可以同时容纳6人的用餐，将收纳在梯子下方的4个凳子取出，就可以在家中实现与朋友们聚餐了。

❺

观影模式 投影布安置在床板侧面，拉上窗帘、打开投影仪，就是电影发烧友梦寐以求的天地了。

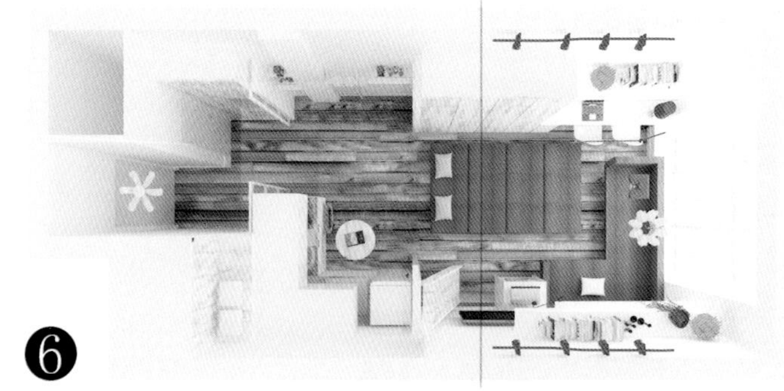

❻

留宿模式 将沙发的坐垫和靠垫统统拆下作为床，刚好可以满足一个双人床的规格，完美解决了双方父母探望时的留宿需求。

起居室 充足的采光和半圆形的木片支架使起居室的氛围活泼起来。紧靠窗边的工作台满足户主的功能需求，而沐浴阳光的吊床成为女主人实现阳光下躺着看书的绝妙去处。

书架 书架的木板只把侧面保留木材的纹理，上下两面都采用白色，极大地增强了起居室的宽敞感。

电视墙 墙面上可伸缩的电视位置，通过自由调节，可以巧妙地同时满足起居室和餐桌观看的需要。

2
1

1 餐厅 折叠餐桌展开时刚好可以满足6人用餐的需求。
2 厨房 厨房橱柜下条形照明，巧妙地为夜晚使用厨房提供照明的同时，增加了一丝照明趣味。

餐厅 厨房餐桌与上方的临时办公区域紧密结合，二层床板向下凹陷的地方刚好方便二层临时办公，同时又不影响下层餐桌的正常使用，巧妙、充分地利用了可利用的空间。

卧室 床边的400mm宽台面和布帘杆可以临时搁置衣物，方便夜晚就寝，600mm进深的推拉门柜子方便储存大体量被褥；木板上的床头灯为夜晚阅读提供方便。

光源	LED
功率	60W
颜色	白色
吊链高度	350mm
材质	五金、玻璃
适用场所	客厅
照射面积	20~35m^2

光源	节能灯
功率	5W
颜色	电镀青古铜色
外观	磨砂玻璃灯罩
材质	五金、玻璃
适用场所	走廊
照射面积	3~5m^2

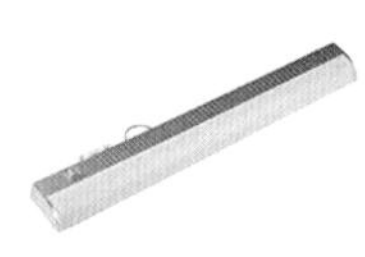

飞利浦镜前灯

尺寸	长度：586mm 宽度：83mm 高度：54mm
材质	合成材料
颜色	灰色、白色
光源	T5 14W（不含光源）
适用	卧室、卫生间
空间	11~15m^2

壁灯

光源	LED
功率	71（含）~80W（含）
材质	玻璃
照射面积	5~10m^2

品牌	飞利浦
名称	TS一体化LED支架灯
功率	3.6W、7W、10W、13.6W
尺寸	0.3m、0.6m、 0.9m、1.2m
色温	日光色6500K、冷白光4000K 、暖白光3000K
寿命	光源20000小时，开关不影响
光源	飞利浦LED进口芯片
适用	商超零售、酒店餐饮、灯槽轮廓、室内家装等
空间	展柜照明、商业照明、家庭照明、吊灯灯带灯槽
电压	220~240V ±10% 50Hz

品牌	松下
型号	HHLA0621
光源	LED
功率	9W
颜色	白色
规格	直径270mm，高61mm
色温	5000K
外观	乳白色亚克力灯
灯罩安装方式	旋转式
适用场所	厨房、卫生间
适用面积	5~10m^2

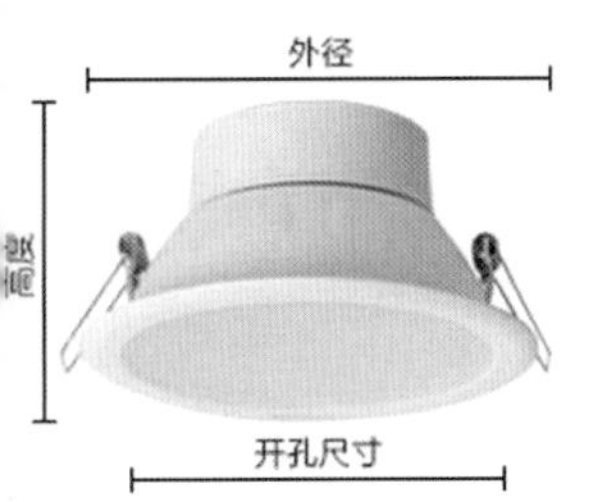

品牌	飞利浦
光源	LED 功率：5.5W
光通量	325lm 颜色：白色
规格	外径：1055mm 高度：66mm 开孔：900mm
材质	金属冲压
色温	黄光2700K、中性光4000K、白光6500K
适用场所	客厅、卧室、走廊

Dear House

户型介绍	室内面积56.4㎡；三室一厅二卫；旧公寓改造（Loft)。
设计风格	北欧工业风，多个空间融为一体，注重空间的多功能性。
色彩搭配	以白色、灰色、原木色为主，色调简洁明快。
目标人群	时尚，敢于创新的年轻人，可住六口人。

Kevin & Jason（户主）	女主人是一个平面设计师，男主人从事新媒体工作，平时喜欢摄影。二人都在国贸上班，每天朝九晚五，晚上回家有时也会办公。虽然工作很繁忙，但二人对生活依然有着很高的追求，崇尚简约，认为即便房子再小，也一定要温馨舒适。
两个女儿	姐姐9岁，妹妹6岁，都在上小学，两个女孩都很开朗活泼，妹妹更是古灵精怪，喜欢爬上爬下。姐姐是个电影迷，小小年纪已经看过无数电影，学习成绩也十分优异，平常会帮着爷爷奶奶照顾妹妹。
两位老人	两位老人特意从老家过来帮儿子媳妇照顾两个孙女。奶奶闲来练练瑜伽，跳跳舞。爷爷以前是个厨师，擅长西餐，当然中餐也不在话下，烹饪是他为数不多的爱好。二老希望睡觉时能有一个相对独立的空间。

改造前

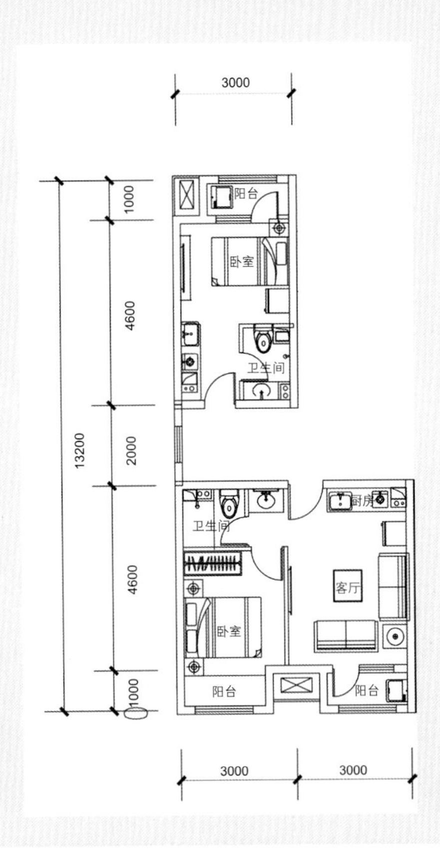

改造后

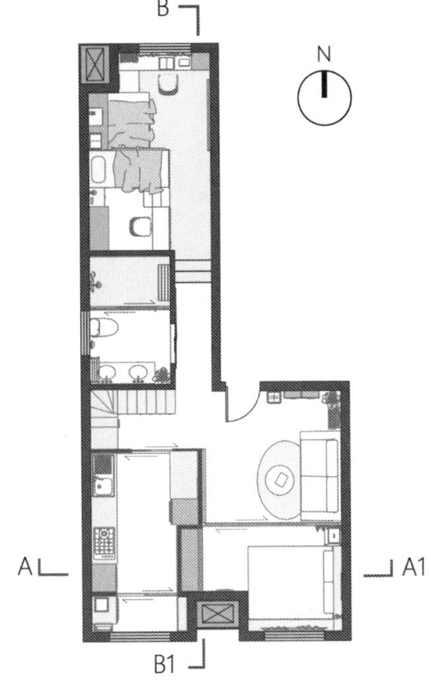

一层平面图

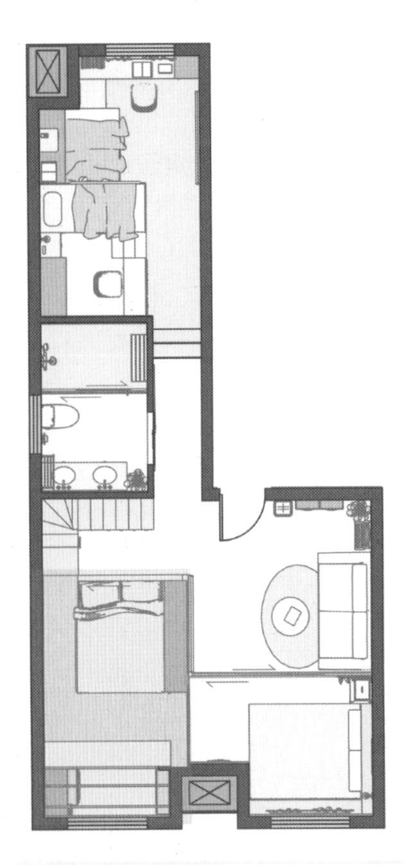

二层平面图

对原有平面的变动

该户型是由一个$35m^2$的户型和一个$16.8m^2$的户型合并而来，还包含了一个$6m^2$的走廊。房屋的净高是3.8m，所以，为了提高上层空间的利用率，在户型的东南区域增加了局部二层，下层为厨房，上层为男女主人的卧室。北侧和东南侧的阳台墙体打通，以扩大两个卧室空间。

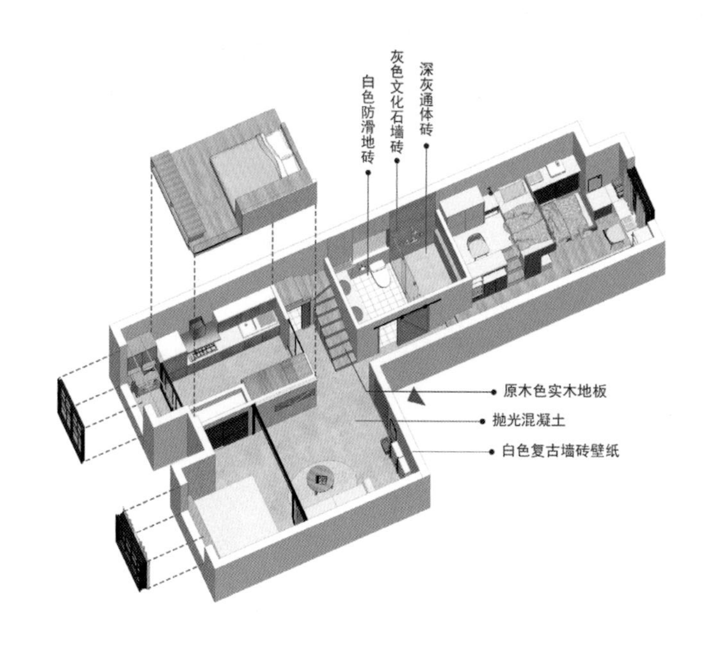

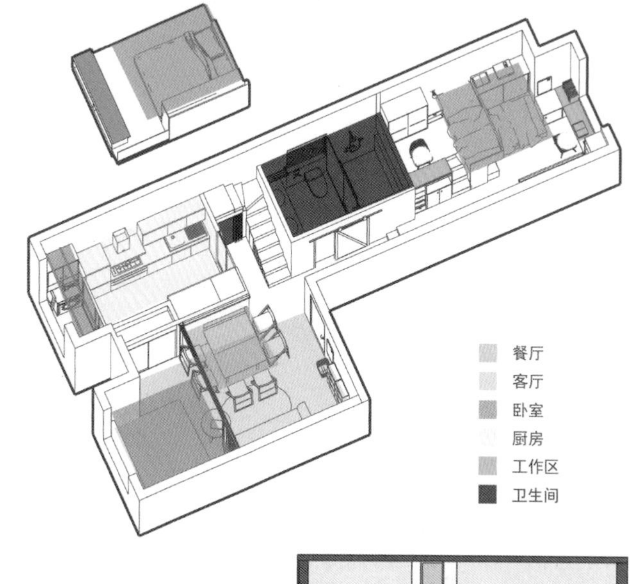

1m 2m 3m

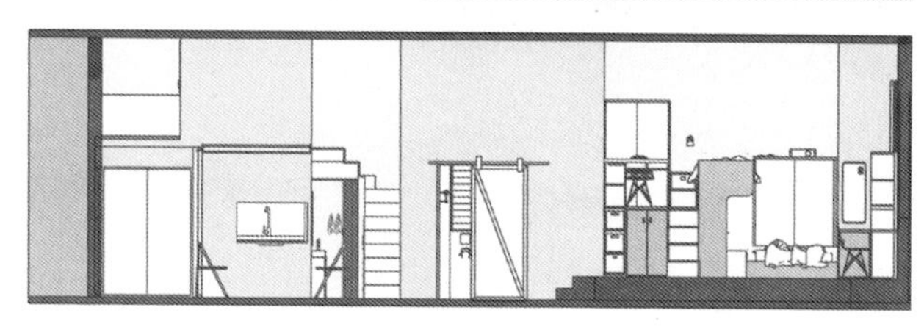

总的设计理念

DEAR HOUSE译为“亲爱的房子”。意在创造一个温暖、惬意的生活空间和一个更为开放的生活方式，注重家人间的相互交流。

纵然房子面积只有50多平方米，但通过各个空间巧妙的交叉组合，尽可能地减少内部墙体，使得空间的功能齐全而不显局促。客厅与两位老人的卧室通过玻璃推拉门进行隔断。北部卧室将门拆除，用两节阶梯抬升来区分两个空间，使走廊的纵深感更强，达到扩大空间的效果。

整体的设计风格偏北欧工业风。客厅、厨房、卫生间等公共空间基本以白色、灰色、原木色为主，浅色原木地板柔和了白色的复古砖墙纸与抛光混凝土冰冷的工业风气息，使整个空间明快而不失温暖。两个女儿的卧室加入了橘色，为空间增添了生气，也符合两个女孩活泼好动的性格。

1 材质分析图
2 功能分区图
3 A-A1剖立面图
4 B-B1剖立面图

二层空间的增加和北部卧室空间的抬升增加了空间利用率，同时丰富了空间竖向上的层次变化。卧室阶梯抬升后也可内置储物空间。

功能分区

a）客厅、餐厅和卧室融为一体。

b）厨房位于南面，采光良好且空间较大，与阳台相邻。

c）二层卧室与阳台相通使得上层工作区域视野更加开阔。

d）上二层的楼梯下隐藏着一个小卫生间，方便住户应急使用。

1 客厅沙发方向效果图
2 进门角度客厅效果图

客厅

客厅与卧室仅用一个玻璃推拉门作为隔断，白天时将其推开，床就成了类似贵妃榻一样的存在。晚上可将门和窗帘拉上，形成一个私密的独立空间。

卧室的柜子嵌入墙面，尽可能减少占地空间。床的里侧设置了置物台，方便老人拿取常用衣物。

1 观影时段
2 用餐时段
3 沟通交流示意图

厨房

客厅没有按常规安设电视机，而是采用幕布投影的形式，不用的时候收上去，尽量地减少存在感。

用餐时段，墙上嵌有餐桌，翻下后与备餐台相接可以直接看到厨房，当爷爷奶奶在做饭，小孩可以透过窗口观看并进行交流。大人也可以一边做饭，一边观察孩子的动向。做好的菜可直接通过窗口放桌子上，省去端着菜开门的麻烦等。

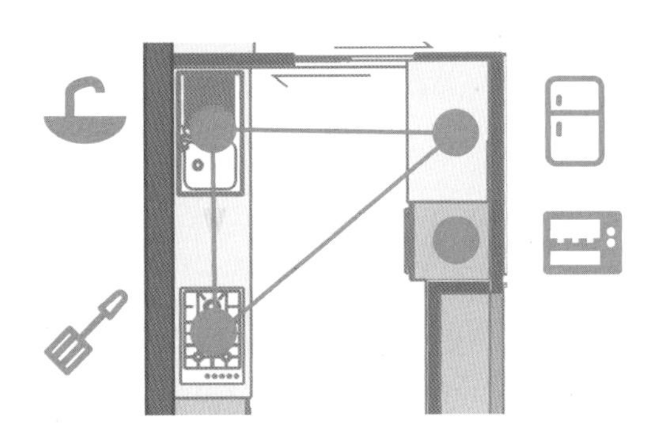

1 厨房进门方向效果图
2 从阳台望向厨房
3 阳台效果图
4 厨房流程动线分析

厨房	厨房位于二层卧室下方，设计得较为宽敞，可充分满足爷爷的烹饪需求。厨房不同柜体的组合最大限度利用了剩余空间，做到了储藏最大化。 烤箱和微波炉都做了内嵌式处理，冰箱位于备餐台的下方，分为冷冻和冷藏两个功能。
阳台	阳台是用深层防腐木定做的一个柜体，下部专门留出了放洗衣机和小楼梯的地方，方便拿取柜子上层不常用物品。柜体顶部还安设了两个横杆用于晾晒衣物。

小卫生间	利用二层楼梯底部的空间安设了一个小卫生间，可容纳一个马桶和一个小洗手池 。方便用户在大卫生间有人的情况下使用。楼梯侧边空间设计了很多大小不一的柜子，里侧的高柜用来放吸尘器等大型清洁器具，小柜则放些小工具。
卫生间	考虑到有六口人生活，卫生间设置了两个洗手池。淋浴区采用磨砂玻璃，墙壁上设计了一条高400mm的凹槽，用于放置洗护用品。

| 走廊看向卧室方向

二层楼梯处小卫生间效果图

| 卫生间效果图

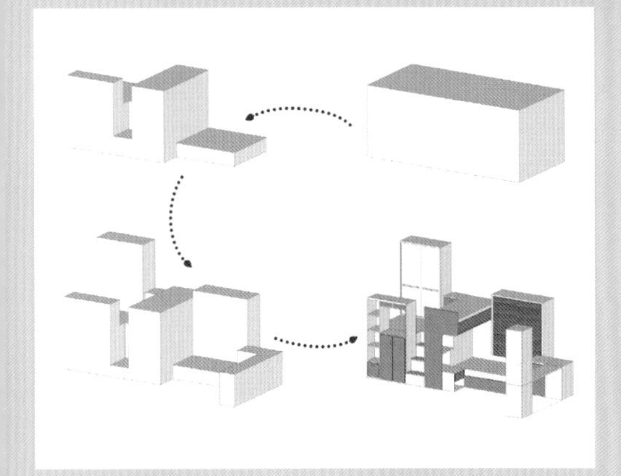

两个女儿的卧室

两个小孩的卧室采用了高低床设计，通过高低错落的不同功能模块组合，最大限度地利用空间，为两个小孩分别设计了独立的学习区域和衣柜等储藏空间。

下铺姐姐的床头设计了4个置物的隔柜，放置她心爱的影碟。

下铺的衣柜顶部构成了上铺妹妹的床头柜，可以在上面放置一些小玩具，在衣柜的上沿还设计了凸起，防止顶部物品掉落。

在卧室也设置了一个小投影，两个女孩可以一起坐在下铺观看，或者一个在上铺也可观看。

1 高低床组合演变分析
2 姐姐的学习区域
3 姐姐的床头效果图
4 妹妹二层的床及学习区域
5 从上铺往下看

1 二层男女主人卧室效果图
2 二层工作区细节图
3 从二层卧室向下看

二层卧室

这个卧室位于二层，除衣柜外，床下面也安设了储物空间，靠近阳台的一侧设计了一个办公区域，部分下沉形成放脚空间，与阳台相连，方便男女主人下班回来晚上工作时使用，还可向外眺望欣赏北京的夜景。

靠办公区域一侧设计了一段玻璃围栏，可从二层俯瞰客厅，增加二层的通透性，缓解因层高偏低带来的压抑感。同时加强了上下两层的沟通，家人之间可以自由交谈。

1 2
3

1 沙发底座为木质框架，使整个沙发显得十分轻盈。两侧可打开形成一个单人床
2 茶几体量小巧，方便移动
3 金属吊灯造型极具特色，简约而时尚

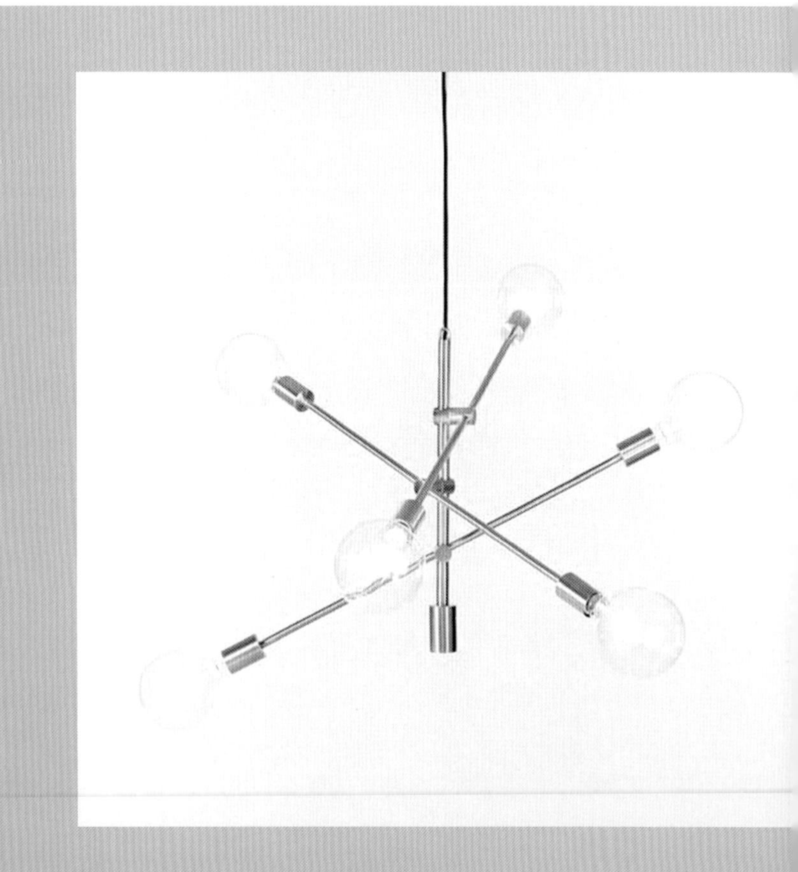

1 2

3 4

1 织物抱枕选用了棉麻质，方便换洗。色彩明艳，具有一定的异域风情

2 墙上悬挂着男主人的摄影作品，有着很多家人的回忆

3 沙发旁的大叶绿植为空间注入了一丝生气

4 厨房的瓶瓶罐罐及烹饪书籍

Dynamic | Still 空间

目标人群	城市中的年轻工作者。
男主人	Jason，25岁，单身，IT行业，工作稳定，偶尔出差，与同事关系融洽，性格热情，有许多朋友；热爱户外运动，每天有健身时间，假期常与朋友外出旅游。有恋爱结婚的准备。

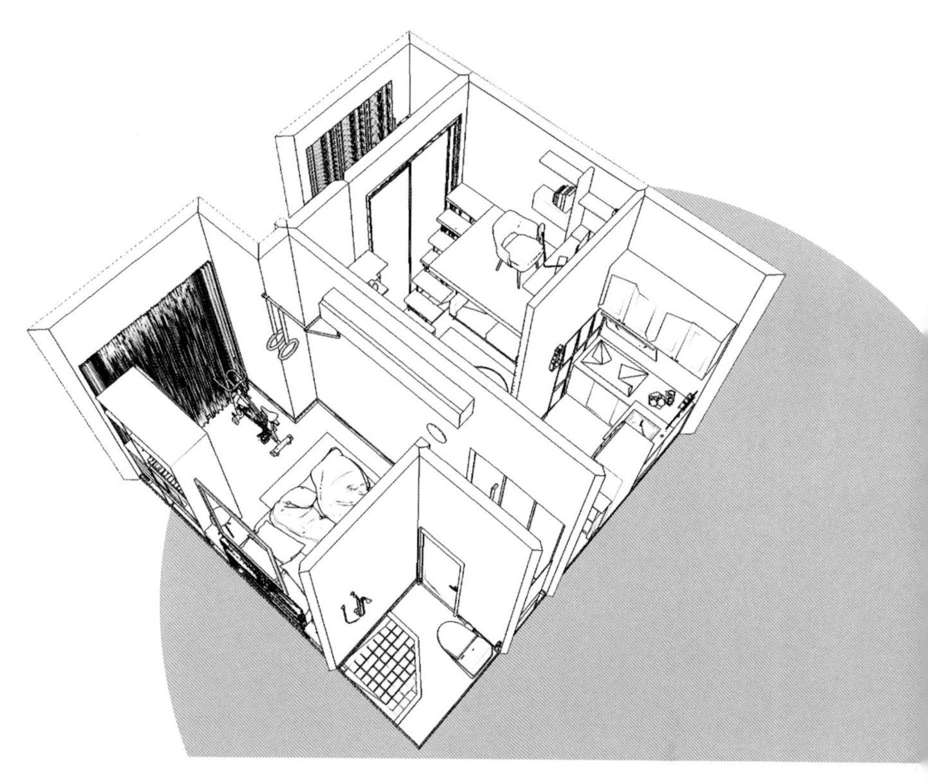

面积	35m²。
设计风格	北欧风格。
设计理念	每天完成了繁忙的工作，回家生活在自己喜欢的空间里，一边享受忙碌，一边享受生活。这里是动与静、繁与简之间的平衡，内敛温敦，融合男主人的独属气度，在属于自己的城池，创造属于自己的质感。
色彩搭配	空间中运用大量灰色阶的色块，如灰色大理石地面，深色木皮，在追求自然、时尚的同时，选用代表着希望和富有朝气的绿色系作为点缀颜色，对空间环境进行中和。
空间特点	房屋主人有稳定工作，客厅部分设置二层工作区域；另外，主人公热爱户外运动和健身，设计中提供摆设健身器材的空间；将楼梯下方设计为框架结构可用于储物，充分利用空间；客厅与厨房、卧室的隔断均采用透明玻璃材质，为小空间户型保证良好采光；配饰多采用偏工业风的元素，打造健康环保的家。

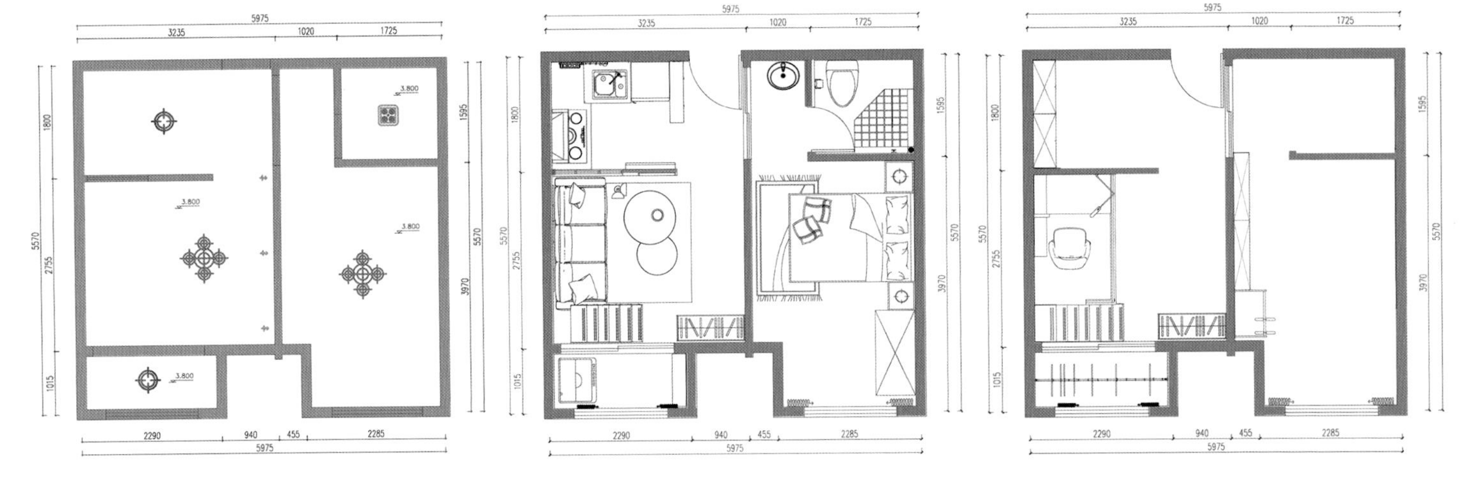

顶面灯光布置图 1：100　　一层平面图 1：100　　二层平面图 1：100

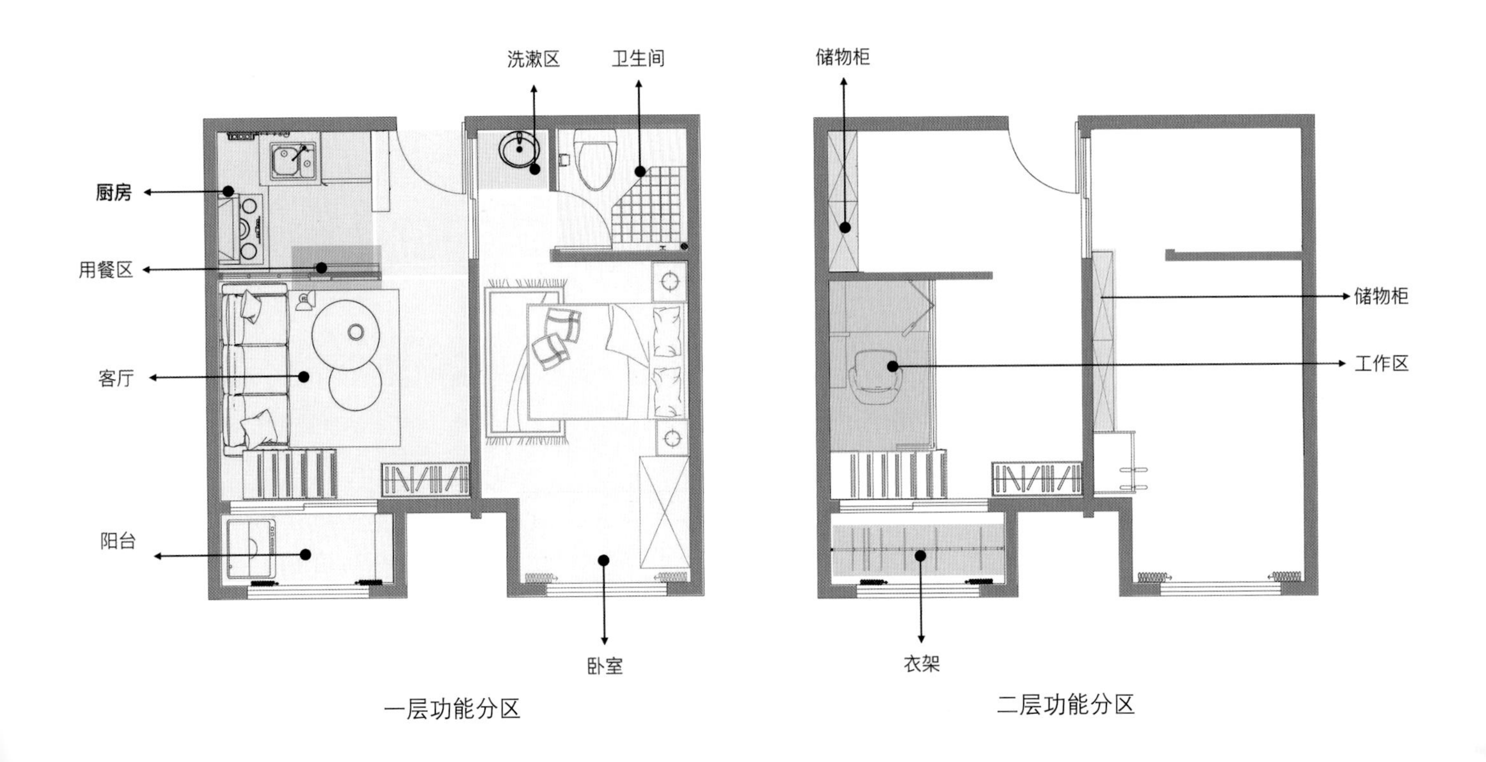

一层功能分区　　二层功能分区

用餐区	用餐区分为两种模式，单人用餐空间采用宜家壁装式折叠餐桌，折叠区上方还可放置物品，方便实用并且节省空间。隔断的另一面采用嵌入式餐桌，处理为和墙面的同色系木板，巧妙地弱化存在感，展开可供六七人聚餐使用。配以方便移动的茶几，这里就可以变为主人和朋友们的聚会场地。

用餐区

(c)

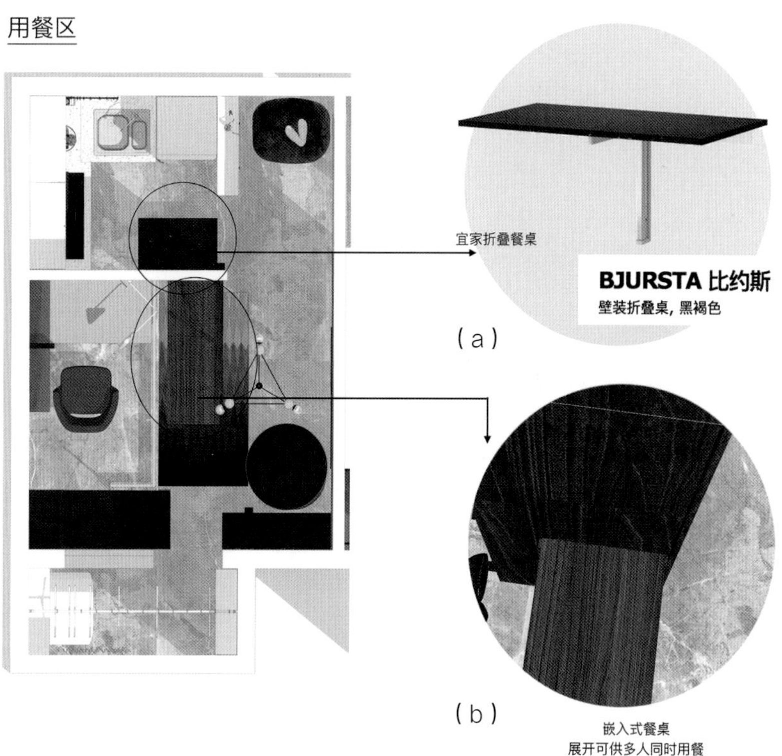

(b)

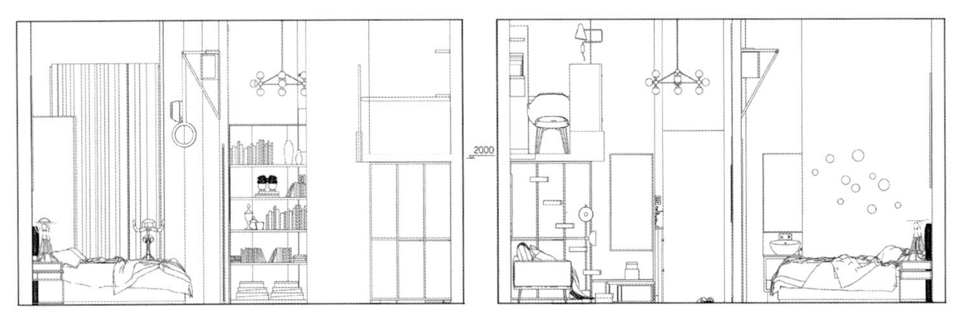

| 南视线立面图

| 北视线立面图

| 东视线立面图

| 西视线立面图

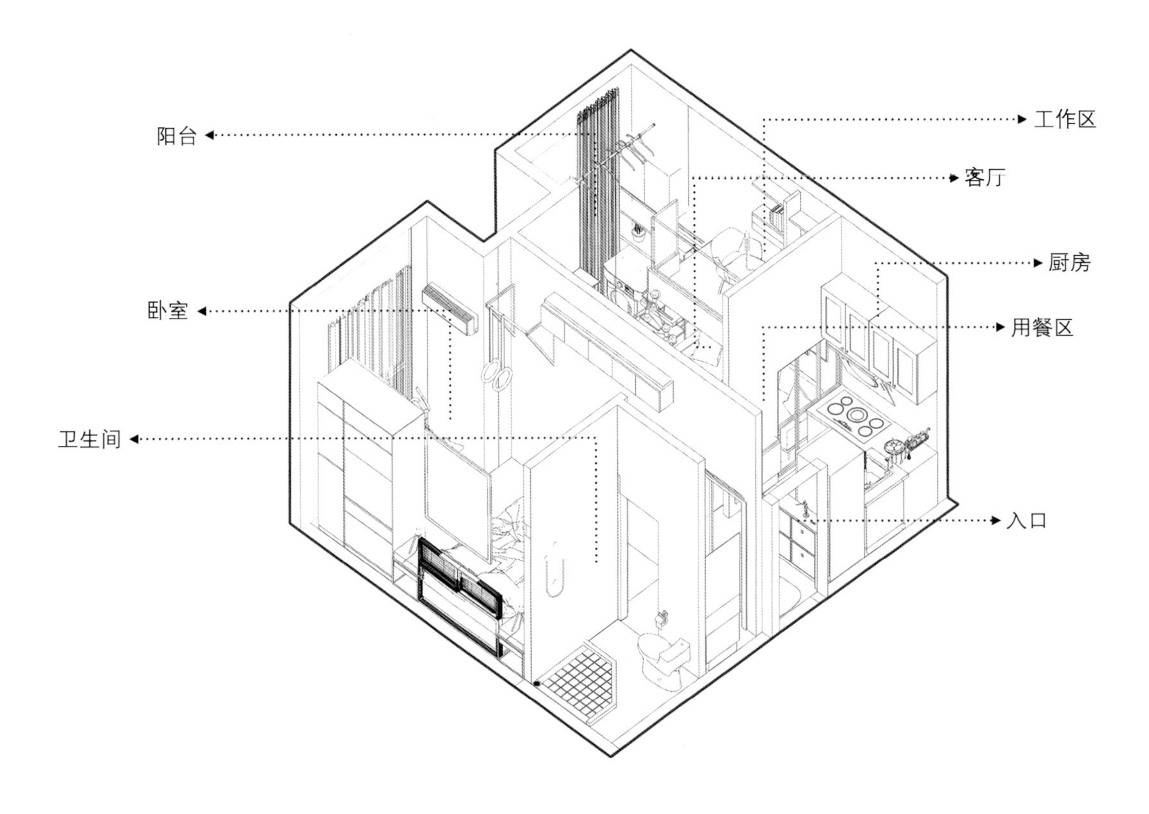

| 功能分区图

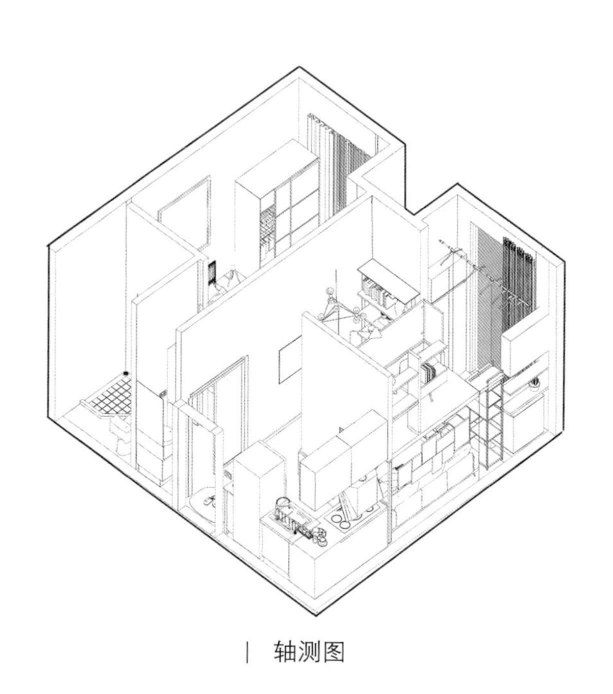

| 轴测图

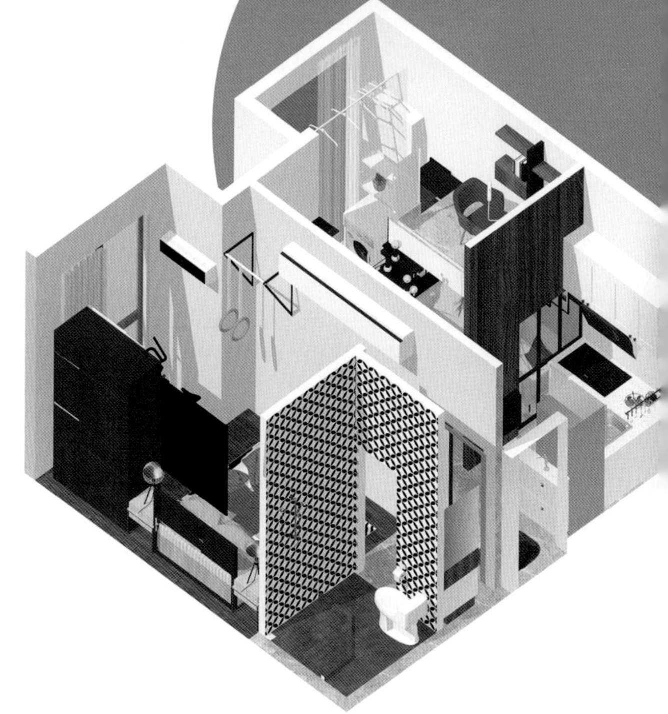

| 卫生间效果

卫生间　以黑白为主色调，淋浴区选择无框淋浴房，地面部分的高差和材质处理可保持沐浴之外的场地干燥卫生，提高安全性，加上浴帘就可以做到干湿分离；坐便器选择中小型号的纯白色，舒展视野；悬挂式的置物架，充分利用卫生间的上层空间，可以使整个卫生间更加立体。

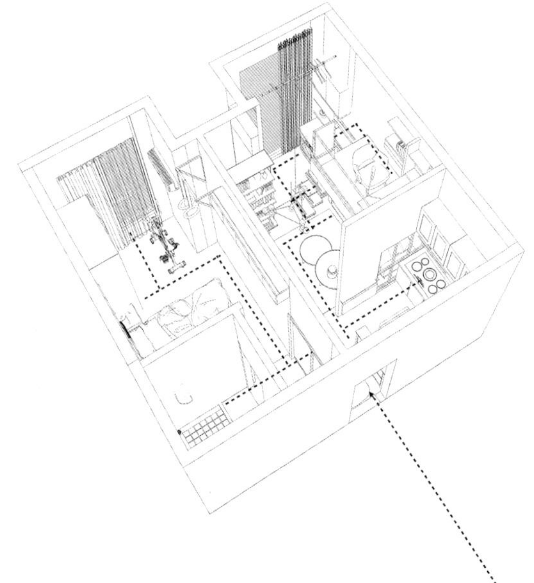

| 路线图

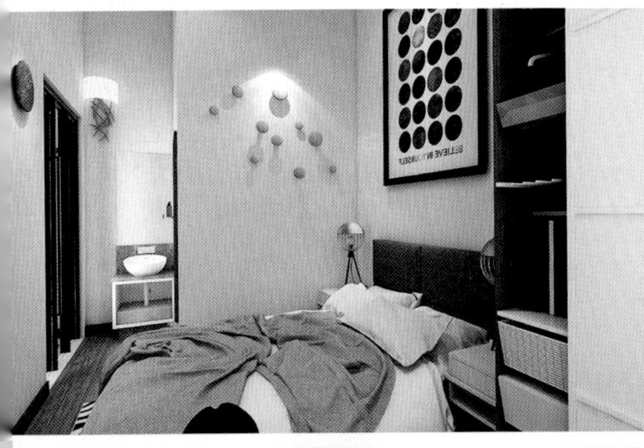

洗漱区	把洗手台外移到卫生间门外，彻底把淋浴和洗漱给分开，做到干湿分离，开放于卧室部分。镜子选择镜柜，既可以满足照镜子的需求，内部又可以摆放很多东西，提供储物功能。
卧室	米色基调与木地板作深色对比增添暖度，皮革、金属配件彰显内敛年轻的阳刚气质。一张大小适中的床，配以松软适度的床垫，方便放置台灯等小物件的床头柜。存放衣物的衣柜做分隔处理，便于衣物规整的分类，不浪费空间，墙壁设置可悬挂衣物的圆形装饰，将美观与实用性相结合。西面墙体的上部做储物柜，增加储物空间。此外，卧室还分隔出健身区域，从横向和纵向维度满足主人的爱好。
卧室 餐厅 客厅	动、静两大区域的隔断采用玻璃材质推拉门，可以增加整个空间的通透性，并且起到阻隔气味、声音等作用。

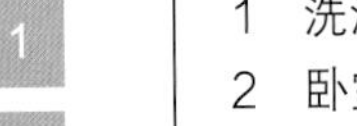

1 洗漱区效果图
2 卧室效果图
3 卧室效果图（健身区域）
4 卧室、餐厅、客厅效果图

厨房	设计为冰箱—洗菜区—切菜区—烹饪区的动线，让备料工作进行得更流畅。使用开放式的布局处理，隔断墙的部分采用玻璃材质，保证良好的采光，并且能增加与客厅区域的互动，不但释放了空间，也让整个空间更加融贯一体，营造延伸、流畅的格局。
门厅	长形鞋柜提供储物功能的同时将空间进行隐形的分割，围合餐厅厨房部分；采用偏工业风的壁饰、壁灯，更加符合主人特点，打造自然硬朗的质感。
楼梯下方开敞储物空间	取物触手可得，框架结构保证良好采光。

1	2
3	4

1 用餐区效果图
2 厨房效果图
3 入口视线效果图
4 客厅效果图

起居室　电视背景墙采用深色木纹贴片，打造简约而精致的空间质感，再加上自然形态的配饰，结合顶部照射下来的灯光，整个电视背景墙把客厅提亮起来。浅色沙发配以绿色系的地毯、靠垫，对空间进行色彩调剂，沙发背景墙做简单的处理，悬挂一些和空间风格相符的装饰画。书柜的框架与楼梯下方储物柜相呼应，构成起居室的储物空间。

工作区　抬升于地面2000mm处，具备储物、写字台的功能，壁挂式照明在提供功能的同时充分利用空间。全玻璃的围合既安全又提供良好视野。

1　客厅效果图
2　电视墙效果图
3　工作区效果图
4　工作区视线效果图

1 阳台视线效果图
2 空间透视图

阳台 使用玻璃推拉门隔断起居室，保证采光和通风；上方安装衣架，洗完可以直接晾晒。阳台两侧均设置储物空间，东侧整面橱柜进行储物，西侧洗衣机上方为主人提供摆放物品的橱阁，方便放置洗衣服所用的物品。

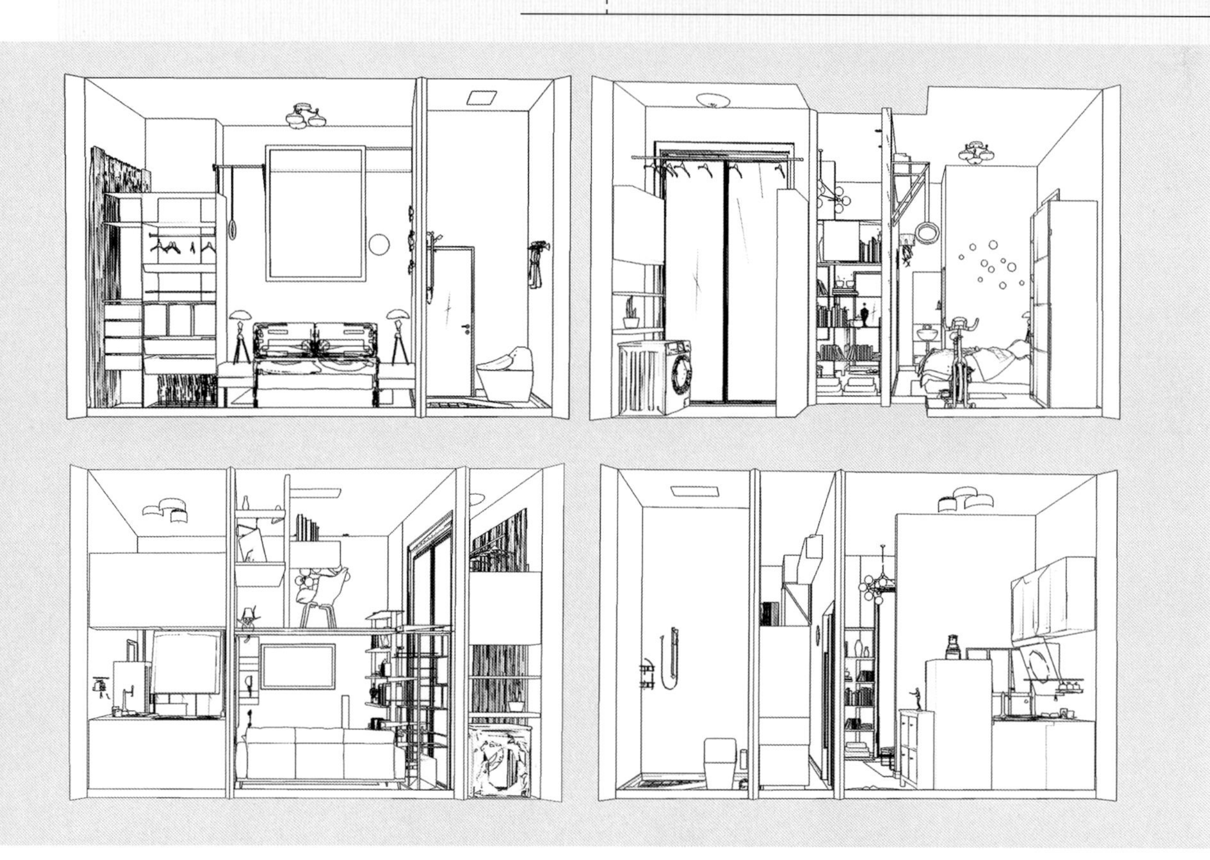

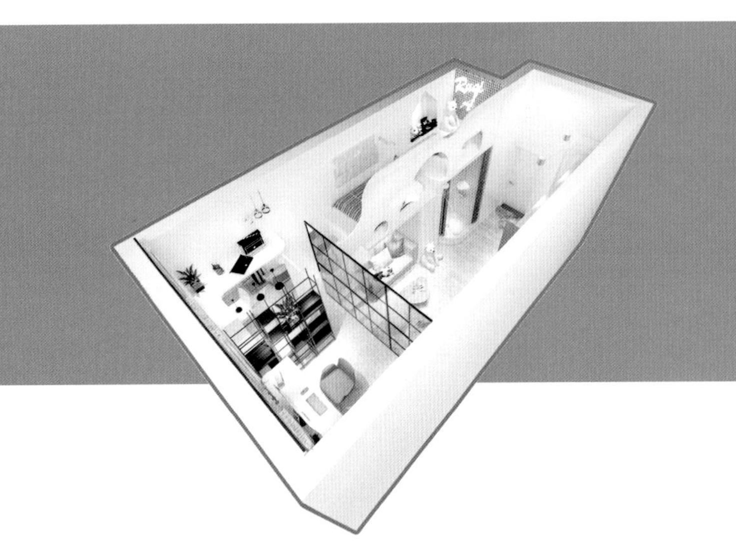

Growth Record

交通	位于东三环与东四环之间，项目地下二层，邻近地铁3号线与14号线朝阳公园站。
金融	中国银行、农业银行、建设银行等。
医院	朝阳医院、武警医院等。
超市	华润万家超市、易初莲花等。
学校	团结湖第二小学、明达中学。
卖场	蓝色港湾、燕莎等。
公园广场	朝阳公园、团结湖公园。

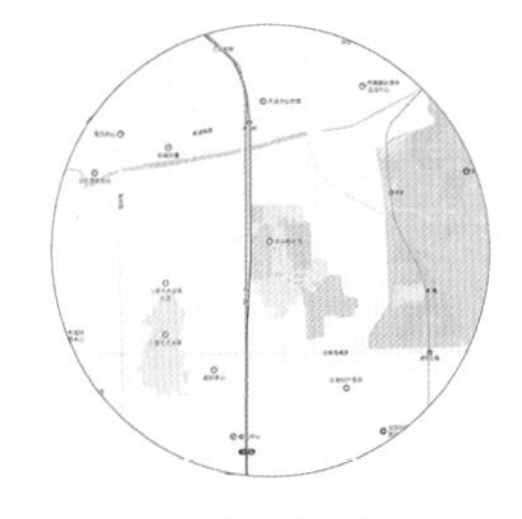

选址分析

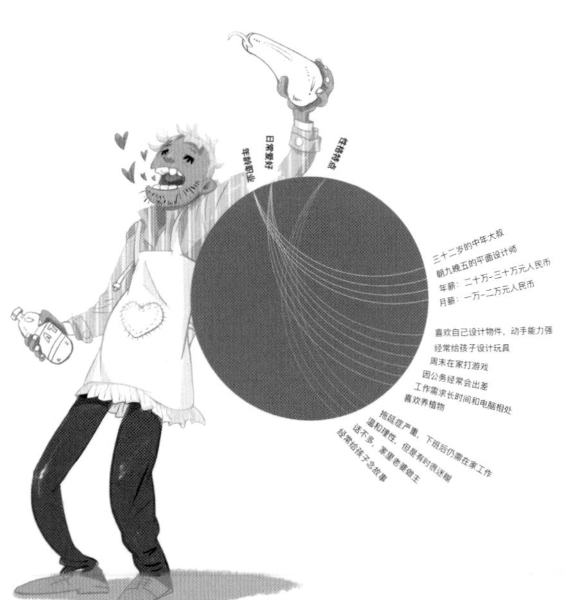

设计风格	北欧极简风。
设计概念	对于一个将要成为四口之家的家庭来说，在极小的空间环境里处理好孩子与父母的交流与隐私，以及给予他们一个相对开阔的环境，是设计的重点。设计者从两个孩子的成长角度出发，按照他们的成长时间轴，让房屋空间随着他们一起成长，争取把空间利用到极致。同时从父母与孩子的关系出发，在空间内划出可调节的私密与交流空间。设计者主要利用二层空间以及白色连接挡板来创造一个可生长的家。

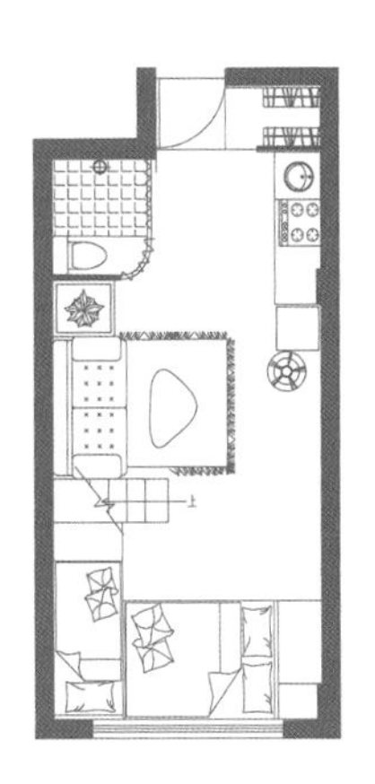

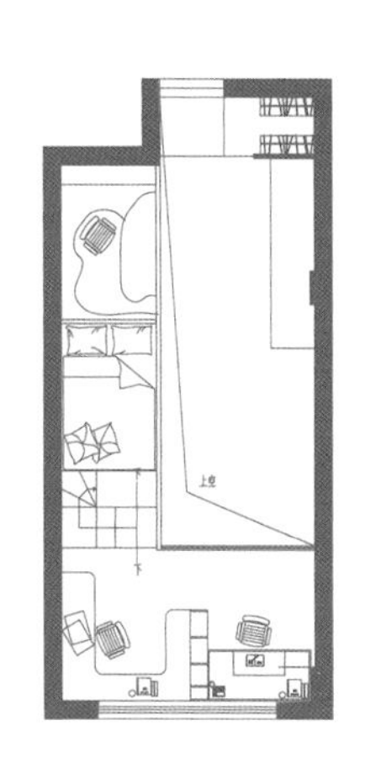

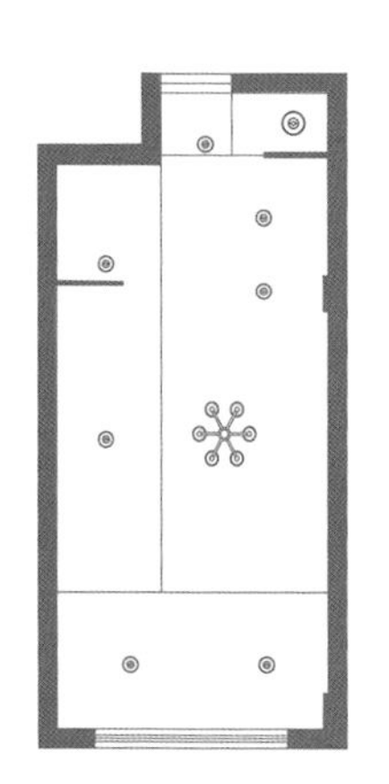

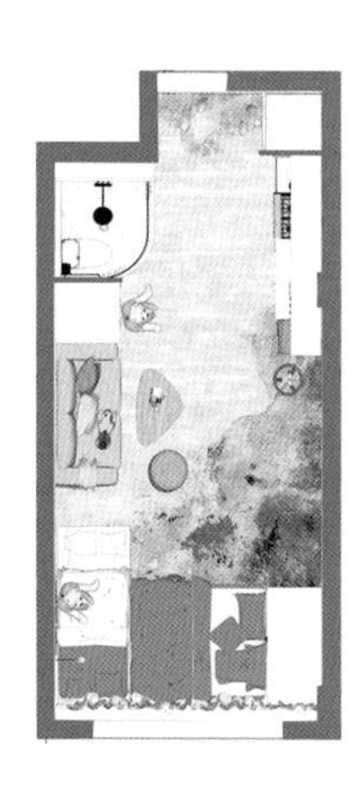

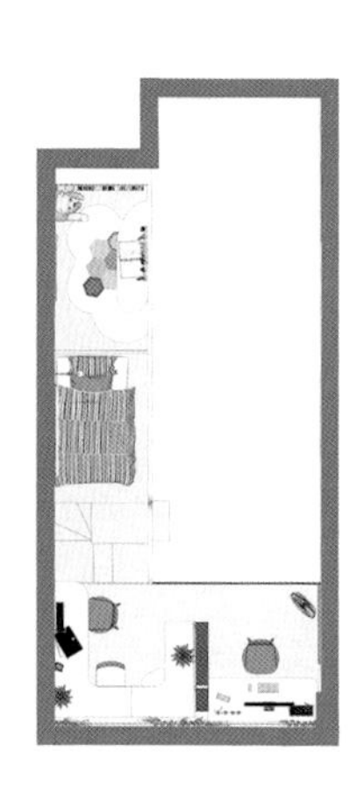

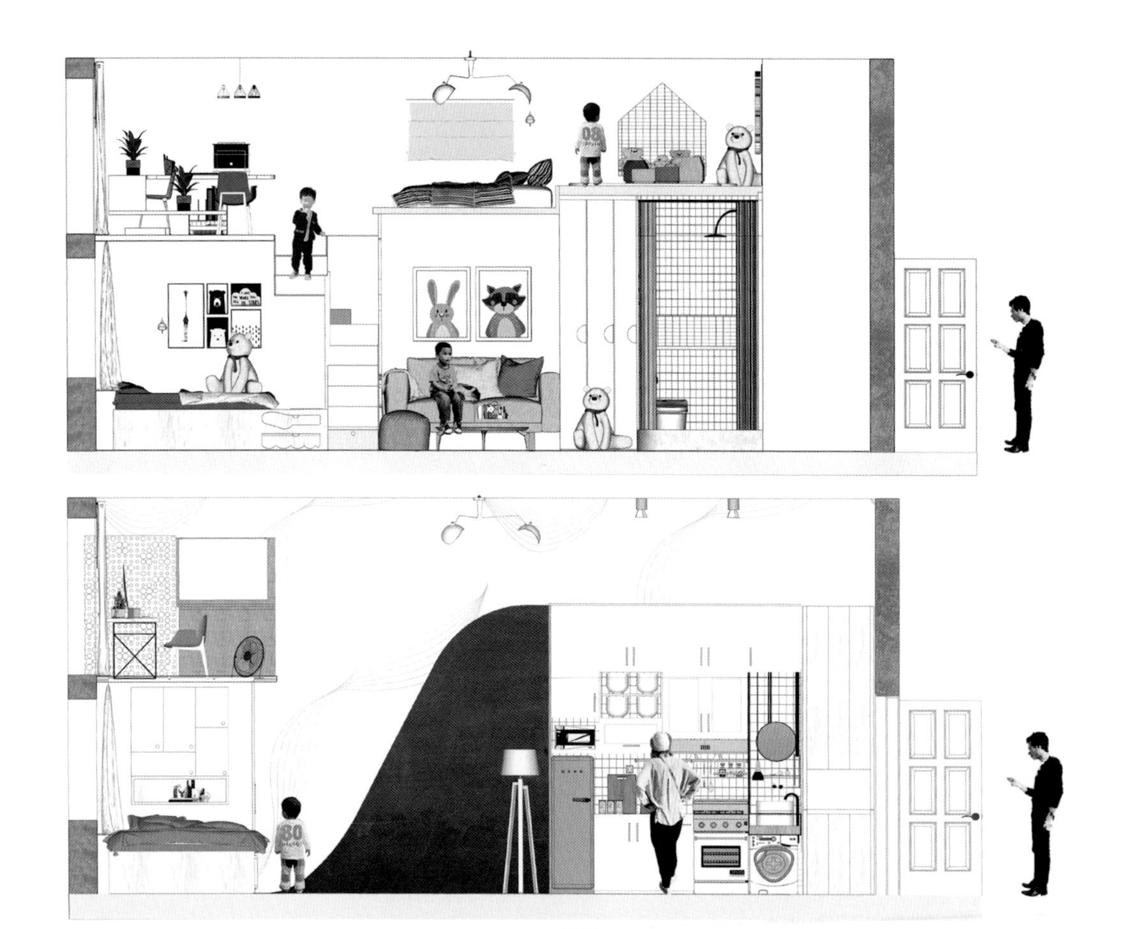

1 2 3 4 5 6

1 一层布置图
2 二层布置图
3 顶棚图
4 一层平面效果图
5 二层平面效果图
6 立面图

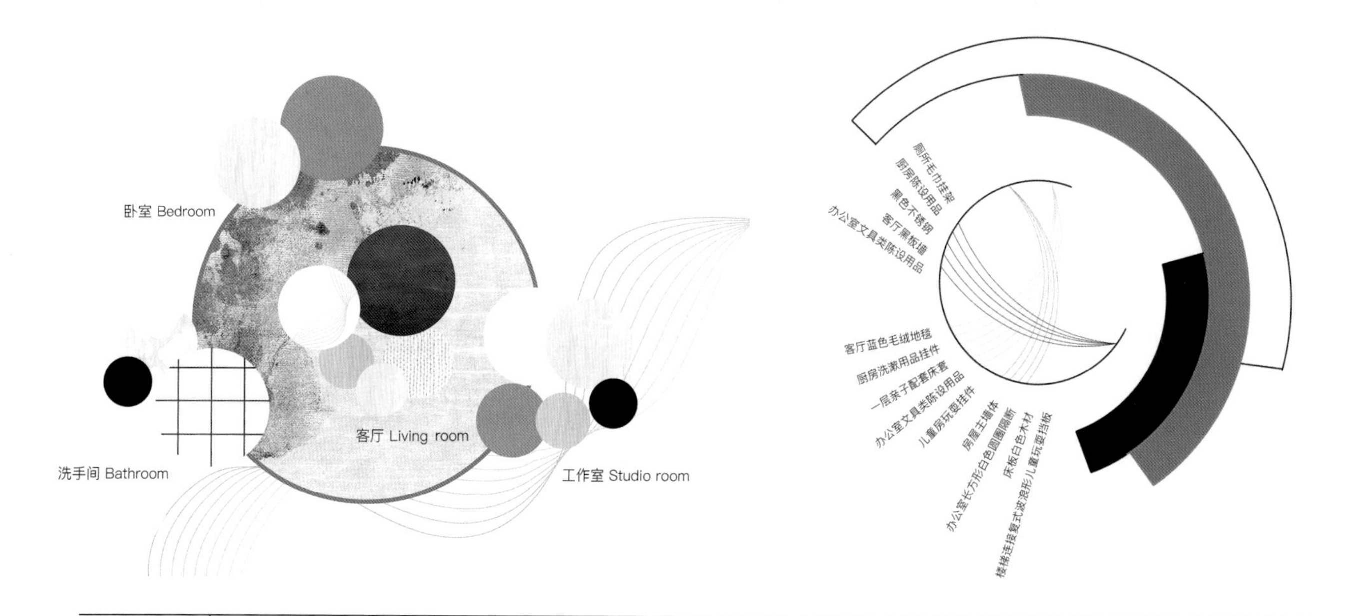

材质分析	空间主要采用蓝色水彩晕染满铺地毯，为孩子提供了安全的生长环境。墙体采用白色曲线壁纸，为空间增添了韵律感的同时也呼应了曲线挡板。家具主要采用白色木材与蓝色座面，与主空间相搭配。
色彩分析	空间主要采用蓝色与白色，蓝色代表理性与沉稳，而大面积的白色可以使空间显得大气，面积变大。业主对蓝色有执着的偏好。蓝色也可以使原本局限混乱的空间变得井然有序。

1 材质
2 色彩分析
3 功能分区

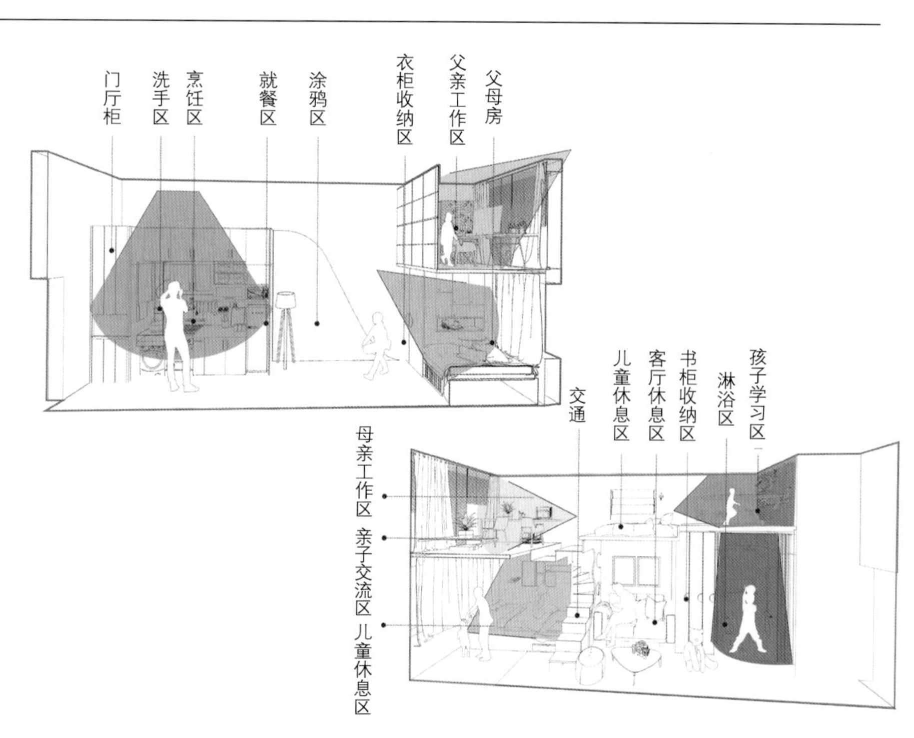

1

2

1　动线分析

2　成长分析

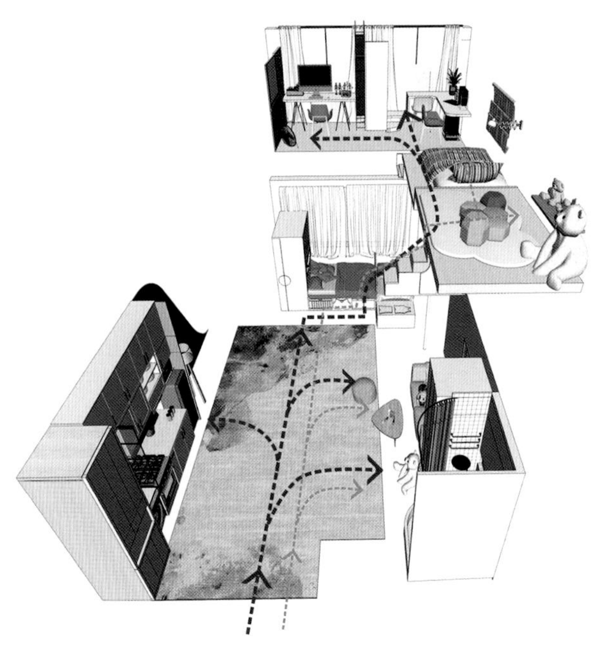

成人主要动线图

儿童主要动线图

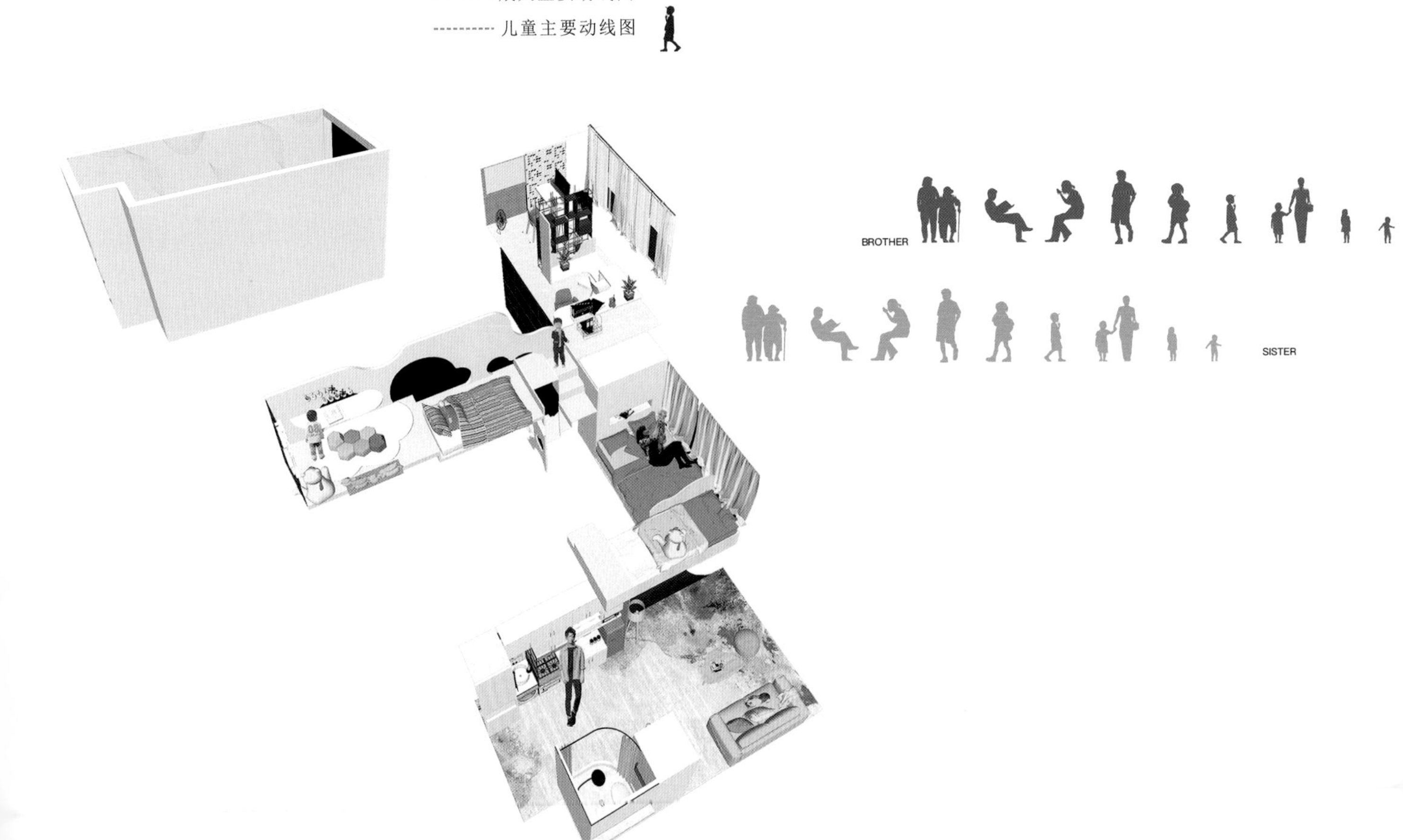

1 厨房
2 卧室
3 儿童房

厨房	开放式厨房以节省更多的空间，采用一块方格玻璃板将洗漱区与烹饪区隔离。上方设置多个收纳柜，以方便存取。
卧室	一层的靠窗位置分别为主卧和儿童床，考虑到年龄不大的宝宝爬行不便，所以将睡眠区设置在方便行动的一层。床与床之间设置一块弧形隔板，用来区分床体，睡前父母还可以靠在隔板上给孩子讲故事。当孩子年龄增长时，隔板可以升起，给孩子的父母足够的隐私空间。父母床前设置推拉柜，给予足够的收纳空间。孩子利用楼梯空档可进行休息与玩耍。
儿童房	儿童房位于二层，是给长大后的大儿子居住，现大儿子居住于一层。当孩子长大之后，需要一定的隐私空间和学习空间，二层的半封闭隔板正好为此而设计。当孩子年幼时，此处为游戏空间，圆形隔板正好为其提供娱乐之用。

1 客厅
2 客厅
3 工作室
4 工作室

客厅 客厅采用孩子们喜欢的温馨风格，地面铺设地毯，为孩子们的安全作保障。客厅上方与游戏天地连接处有一个天井，孩子们可以看见底下的活动。与楼梯相连接处有一收缩屏风，给卧室空间留有隐私。一、二层楼梯也是可用于收纳的柜子。在沙发区域可通过楼梯挡板挖洞处看见孩子的活动。

工作室 工作室为设计师父亲与作家母亲而设计，中间采用方格植物墙进行隔挡，父亲平常养的多肉植物放置于此。连接植物墙的是一张曲面工作桌，孩子可以在上面进行玩耍，以及亲子活动。

父母与孩子可在此处进行园艺活动，孩子们的作品也可展示于上方灯罩中。父亲的工作区域设置一可拉伸绘图板以及圆孔挂饰墙，进行绘图工具的收纳。

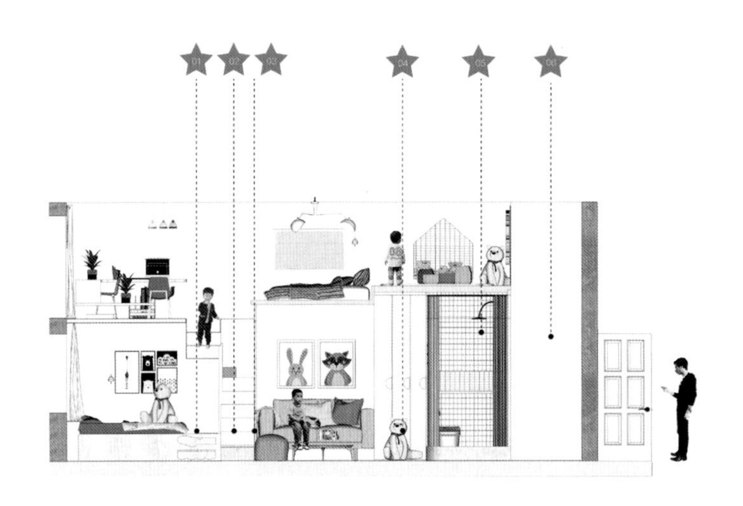

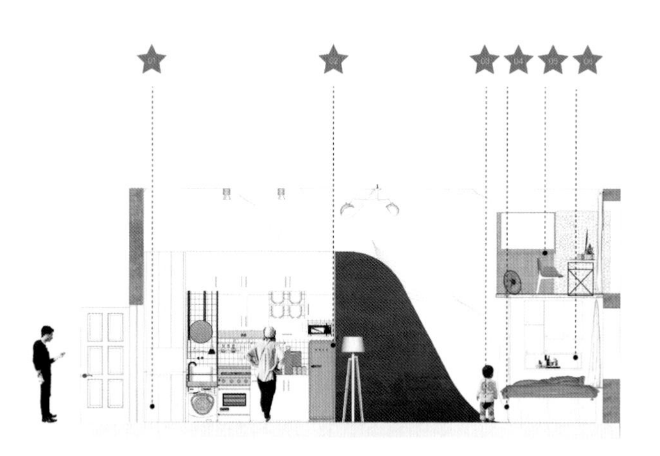

家具细节展示图

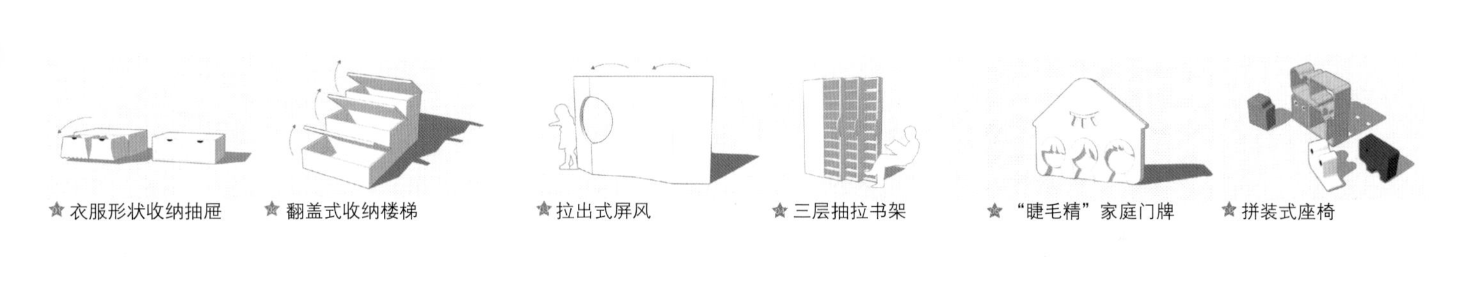

衣服形状收纳抽屉　翻盖式收纳楼梯　拉出式屏风　三层抽拉书架　“睫毛精”家庭门牌　拼装式座椅

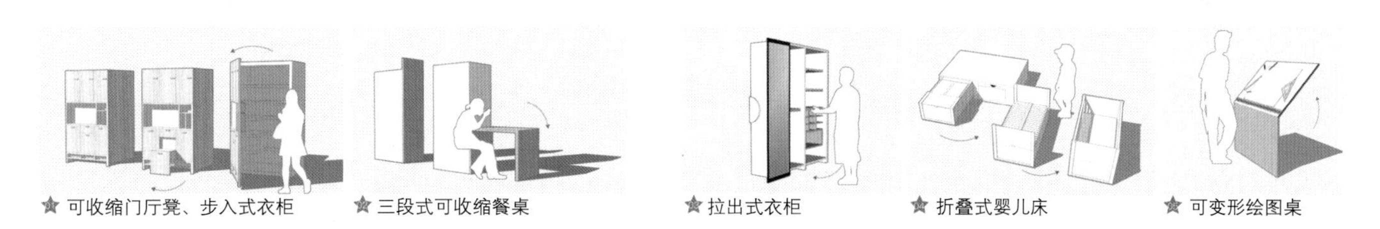

可收缩门厅凳、步入式衣柜　三段式可收缩餐桌　拉出式衣柜　折叠式婴儿床　可变形绘图桌

Mèo House 猫宅

设计的风格	私密和开放的空间界限明确，协调猫和屋主的生活动线。
色彩搭配	多种层次的灰色，利用金色提亮。
适合人群/目标人群	喜爱复古元素，养猫的年轻人。
目标人群	此空间的主人定位为一位女主人和两只宠物猫。

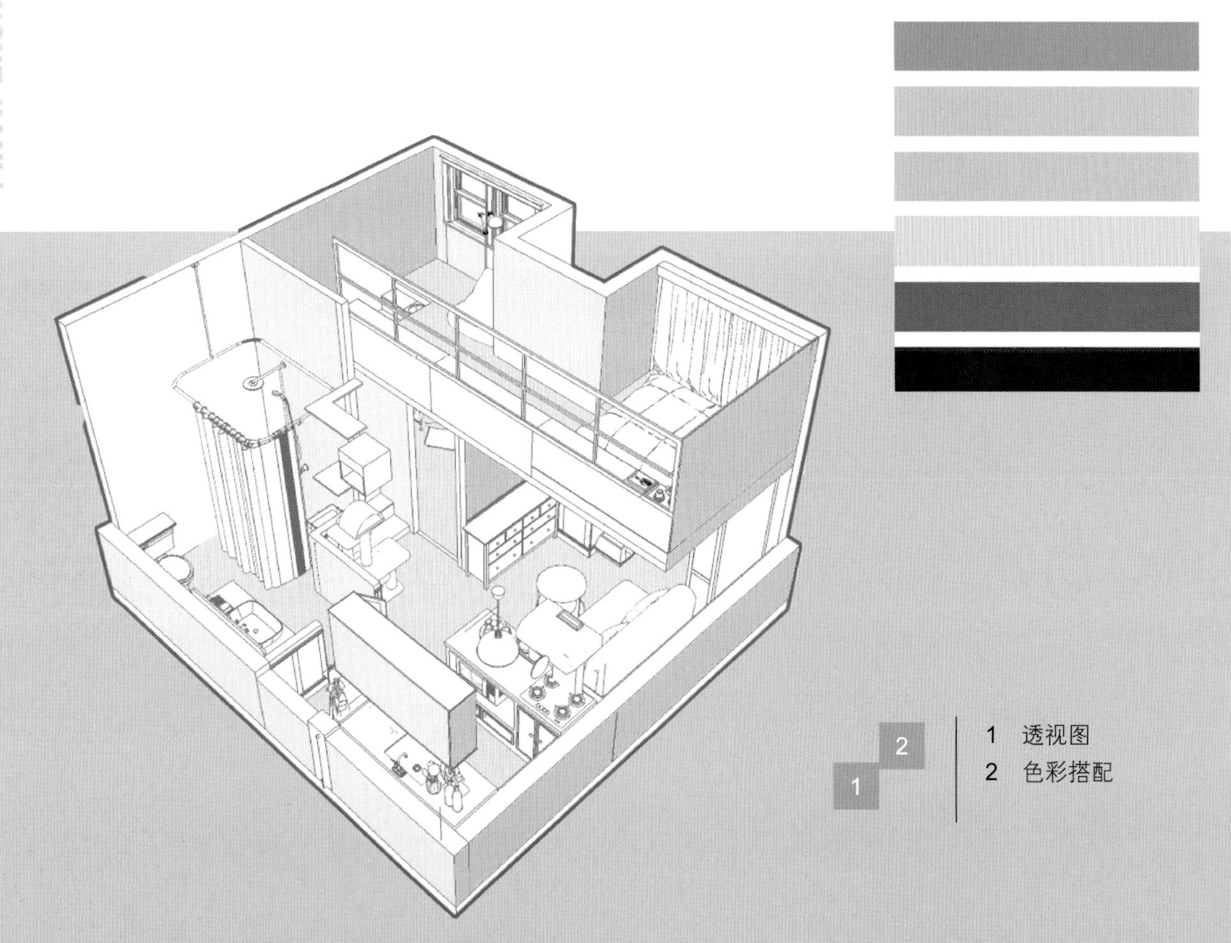

1 透视图
2 色彩搭配

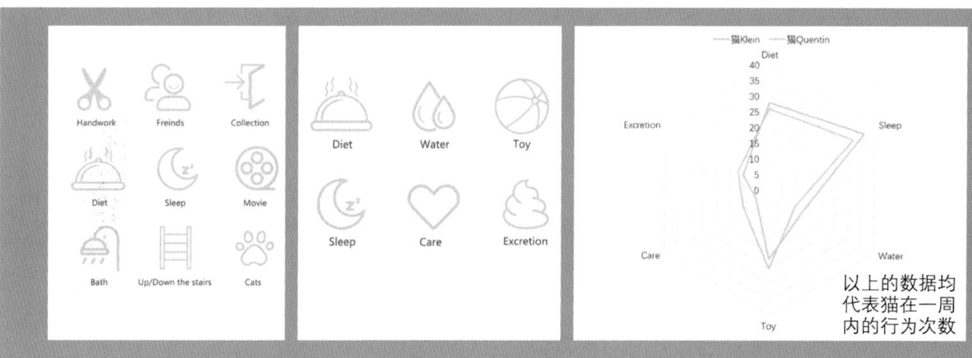

1 2 3

1 女主人的行为分析
2 猫的行为分析
3 猫的需求频次图

女主人	Esther，26岁。职业撰稿人，平时的工作时间不固定，但需要独立的工作空间。十分喜爱猫，很关爱自己的两只宠物，希望在设计上不仅仅能提供给自己舒适的空间，同时也能考虑到猫的需求和生活。除开她撰稿人的职业之外，她还是一位复古古董爱好者，会收集自己喜爱的物件。Esther喜欢和朋友聚会，但同时也想保持空间独立的私密性。
猫Klein＆猫Quentin	Klein是一只挪威森林猫，Quentin是一只美式短毛猫。通过对两只猫的行为分析，得出他们生活中主要的行为需求有以下六点：饮食、饮水、玩耍、睡觉、和主人互动以及排泄。尤以睡眠和饮食出现的需求频次最高。

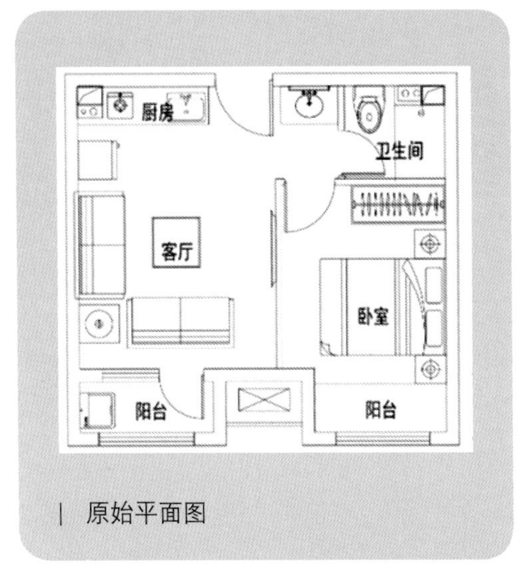

| 原始平面图

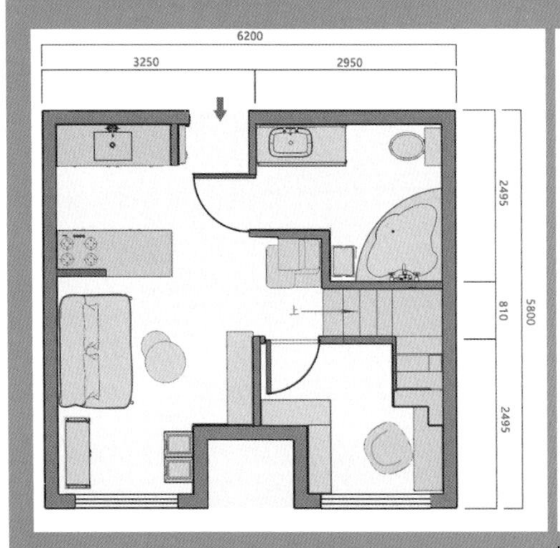

| 一层平面图

| 二层平面图

对原有平面的变动	此户型平面在功能分区上没有太大的改动，在考虑了房间的高差和功能性需要后增加了二层的空间。扩大了卫生间的面积，将整个二层作为卧室。以此户型平面的中线作为轴线分隔开放空间（厨房、餐厅及客厅）和私密空间（工作室和卧室）。并且在轴线上设置了活动墙，可以打造流通和私密两种空间氛围。设计中最大的亮点其实是连通一二层的楼梯，除去楼梯的基本功能，其转角前的三层梯作为鞋柜收纳，而转角区域设计成了猫窝，转角以上的区域作为猫爬架，增加了猫的生活空间与趣味。
功能分区	根据女主人的需求以及原户型中的烟管、下水管的位置进行功能分区。 ① 基本上保留了原户型的结构，并在其基础上增加二层。 ② 主要的活动区域（客厅、工作室和卧室）均在房间的南边，阳光充足，通风良好。 ③ 开放空间和私密空间划分的界限明确。

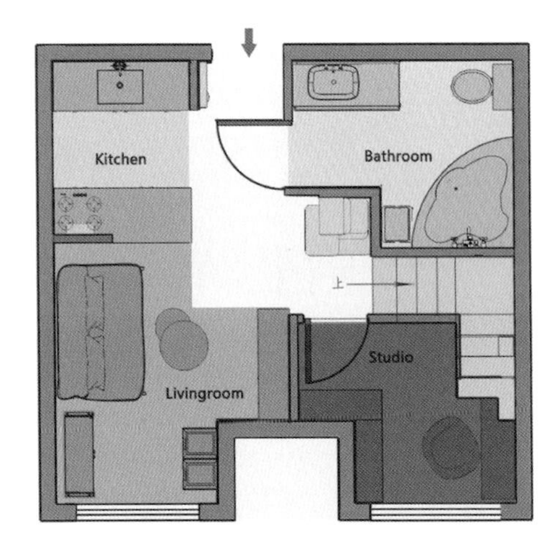

| 一层功能分区

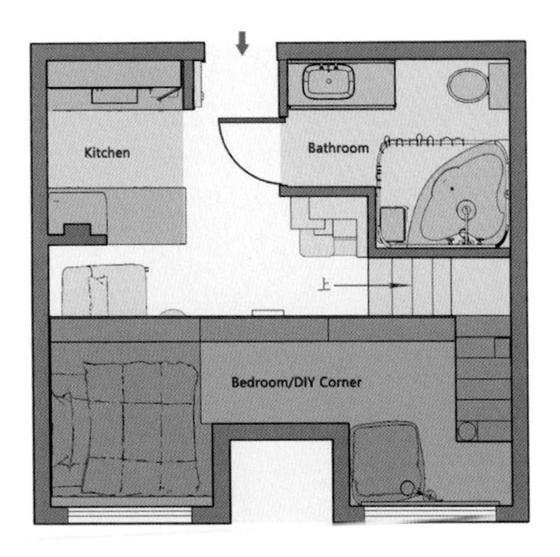

| 二层功能分区

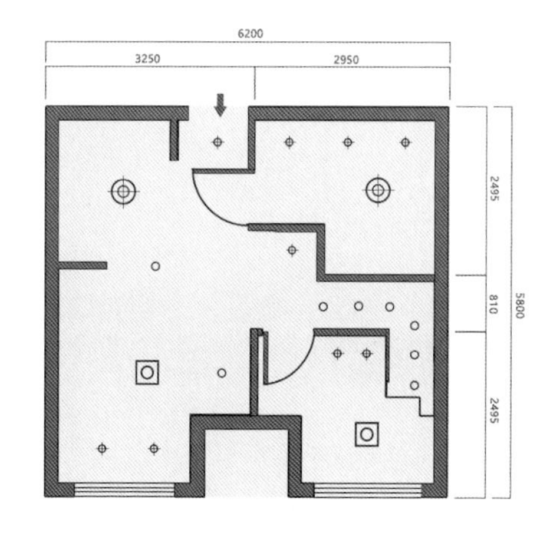

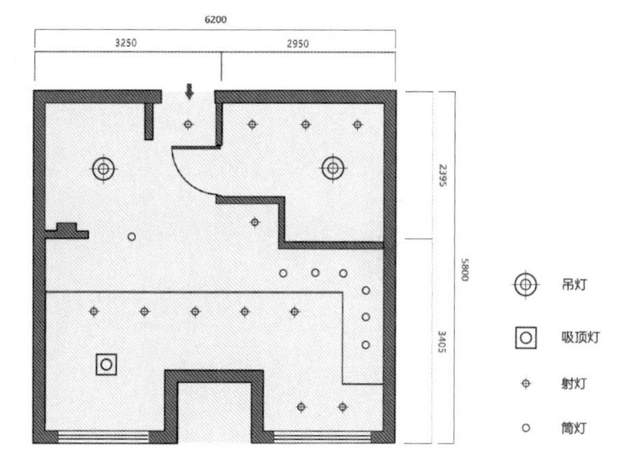

1　剖透视图
2　一层灯位图
3　二层灯位图

总的设计理念

当下，大量的城市居民需要宠物的陪伴，甚至在很多业主的眼中，宠物成为了自己慰藉心灵的灵魂伴侣。那么，设计中如何衡量好宠物和户主生活之间的交叉关系，是很重要的一环，也可以说是笔者设计的故事来源。

生活中多了宠物的存在，其实也是设计中需要多考虑的一个需求层面，如定制的楼梯和一些墙面空间的合理利用，能使业主和宠物都获得良好的生活体验。

设计中，功能的合理划分后，我们发现空间的丰富性也增加了。对于两层之间高差的考虑，希望找到空间价值最大化和居住舒适度之间的平衡。利用玻璃这样的“轻隔断”，既不会使小户型的内部空间过于拘束，同时又明确地界定了空间。

顶棚

根据房间的高度选择合适的灯具。厨房、卫生间等高度差大的房间使用吊灯；卧室、客厅等高差小的空间使用吸顶灯；在需要集中照明的区域，根据灯光的不同使用射灯或者吸顶灯。

厨房

餐厅

厨房	一进门能看到的便是厨房，因为面积较小，所以主要的收纳空间设置于墙壁上。料理台同时也可以作为餐桌使用。因为业主平时只需要简单地制作食物，所以厨房的面积并不大。空间富有流通性，即使是做饭，主人和客人之间也能进行很好的交流沟通。
餐厅	a) 平时一人在家时，将桌板和可收纳的吧台椅收起来，餐台可满足业主一人使用。 b) 朋友聚会时，将桌板放下，可以满足3~5人使用。 c) 为使桌板收起时能较好地融入整体空间，甚至起到装饰作用，所以桌板的饰面和餐台保持一致，呈现大理石纹路，并用了金色的金属连接。

客厅 考虑到业主在家工作时对客厅的使用需求不大，所以客厅的划分界定在整个空间是较不明确的，客厅是一个连贯整体的空间。这样在朋友聚会时小户型的空间也不显得拘谨。

将客厅的活动墙拉出，空间一分为二，不仅成为一个富有特色的影音室，同时也能很好地将私密的工作、卧室空间和活动空间分割开来。

1 由活动墙构成的影音室
2 通过厨房的料理台看向室外夜景
3 聚会时的客厅空间

工作室 工作室的装饰氛围比较浓厚，更加富有业主个人风格。家具上更多地选择了旧物改造的方式，搭配简洁现代的文件柜，更好地实现工作室的功能。

工作室的趣味点在于楼梯的设计上，不仅利用下层空间设计成猫窝，同时转角以上的宠物活动区域有一部分特别采用透明亚克力的材质，可以让业主工作的同时，“幸运”地捕捉到自家宠物玩耍的瞬间。

1 2

3

1 客厅与楼梯空出的空间是猫的活动区。猫可以利用楼梯内部的空洞来回穿梭在一、二层空间
2 转角前的楼梯可作为鞋柜进行收纳。内设柜门开关的感应灯
3 工作室

上到二层的手工制作区，整体比较纯粹，可以做做手工、撸撸猫，也可以懒懒地瘫在这里

透过玻璃隔断所看到的卧室

相较于功能密集的一层，整个二层更加具有私密生活空间的特质，安静而纯粹。浅灰色护墙板搭配米白色的地板，具有统一感，适合休息空间。床边柜采用的是复古装饰线的条柜，满足收纳功能的同时也作为旧物改造的一部分，增加生活感。利用金色的壁灯进行重点的装饰，整个空间装饰节奏和谐

卫生间充满了主人所喜爱的古朴气氛。对于女性而言，卫生间更像一个善待自身的空间。所以整体的色调略深沉，灯光配饰都呈现出一种慵懒的气氛，这也是为了业主能在这个空间中释放工作生活中的压力，好好享受独处的休闲时间

部分软装及家具选型

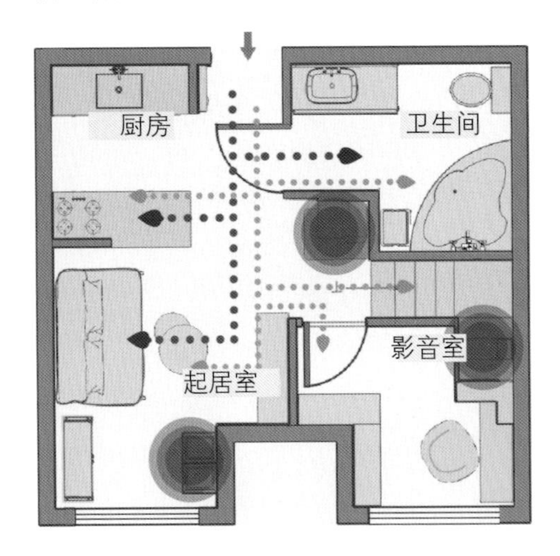

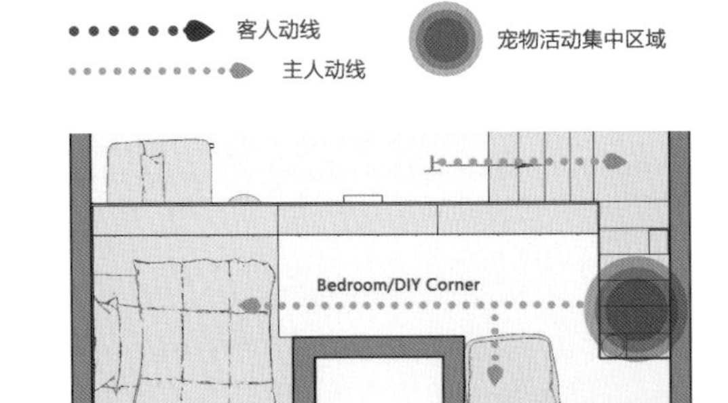

室内动线分析图

选取的具有一定高度并带有装饰线的电视柜，增加储物面积

空间中使用最多的落地灯，造型简洁，色彩突出，给人时尚感

因为家中有猫，为防止宠物将物品打翻，一般选择这种玻璃表面的展示柜。造型上也和室内风格统一

两张这样的桌子拼接成工作室的长桌，旧物改造的过程也是生活的一部分

使用置物架来收纳书籍，避免大型书架给空间造成压迫感

同样选择金色的灯具作为装饰的亮点

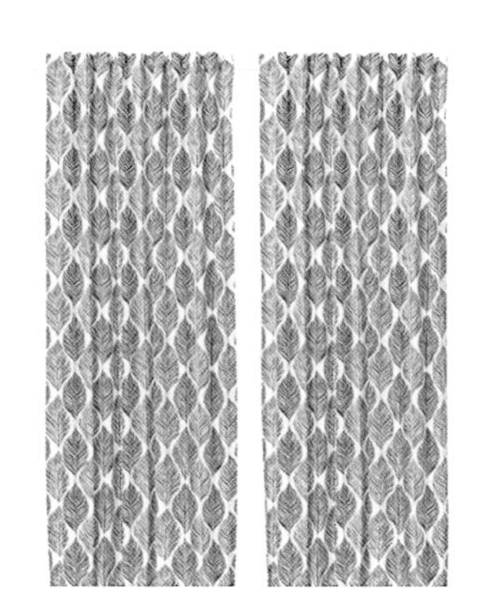

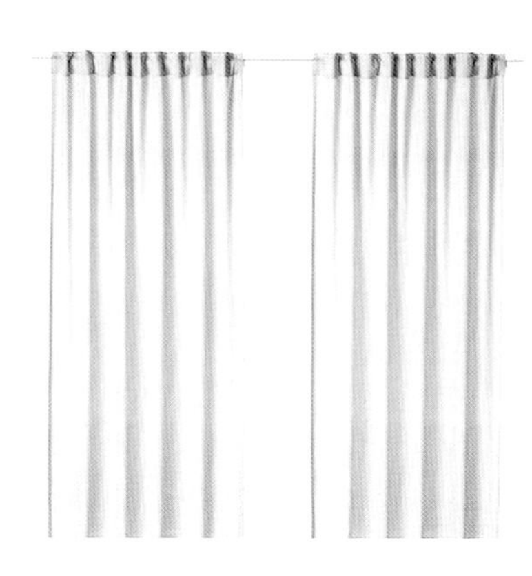

布艺家纺	因为养猫的家中不适合摆放植物（避免宠物食用中毒或者破坏），所以使用具有植物花纹的家纺布艺来增加空间的自然气息。同时由于客厅空间较小，所以选择颜色比较轻透的窗帘，空间采光更好，视觉效果也更大。 卧室整体空间颜色统一，同时为保证遮光性，所以选择双层的灰色窗帘，保证厚度。床品选择温暖舒适的羊绒薄毯，来增加空间的温度。

1
2

1　客厅沙发抱枕及窗帘
2　卧室床品及窗帘

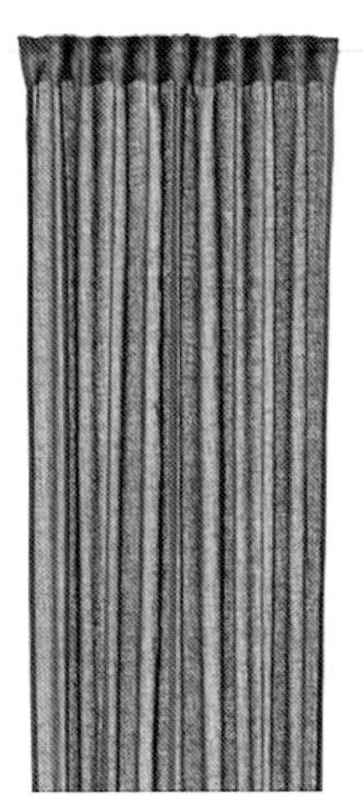

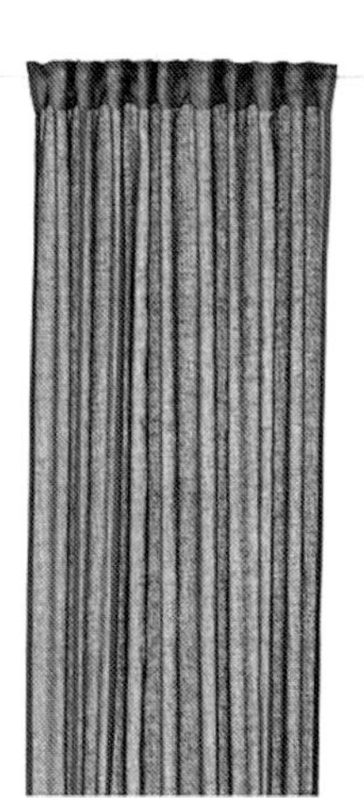

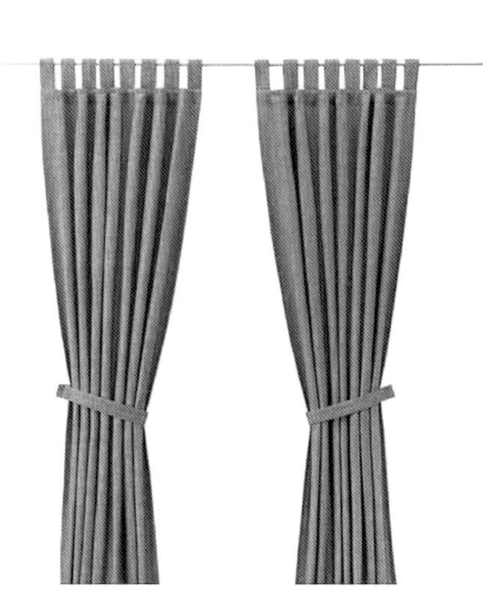

变幻空间

1 项目区位图
2 项目周边环境实景

项目位置

建筑位于北京市南二环附近的一座公寓楼中，周围交通便利，很多年轻人和附近打工族都居住在这里。

由于地处北京市中心，房价较高，所以要充分利用每一寸土地。

项目背景

北京作为世界级的大城市，人口密度越来越大，随之而来的就是住房空间紧缺，房价越来越高，更多的人选择居住在更小的房屋中，因此小户型的设计成为现在的流行趋势。如何充分利用空间，减少空间浪费是小户型设计的重点。另一方面就是要减少不同空间的交错，避免空间混乱。

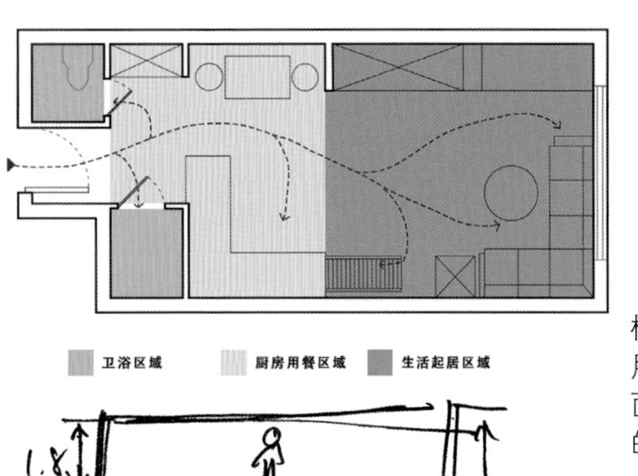

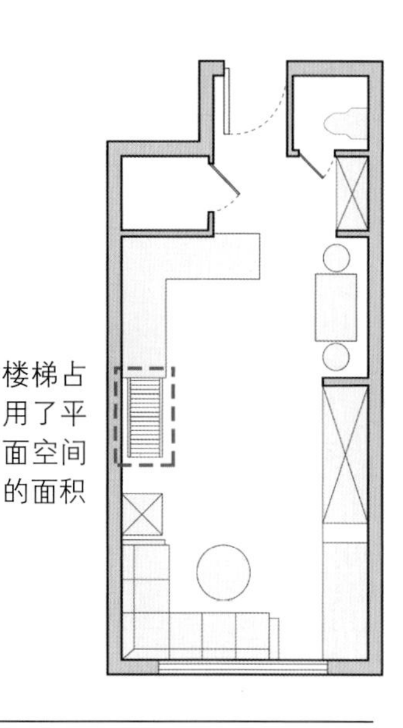

楼梯占用了平面空间的面积

原户型分析	建筑本身只有$26m^2$，层高3.8m，空间狭小，为了满足生活中不同功能需求，每一个区域就会压缩变小。 原建筑有二层的阁楼，这是为了增加整体的使用面积。但是楼板会将空间压缩得很矮，让人感到压抑，同时楼梯也会在空间中占有一定的面积。 原来空间中的动线分析：功能区域设计在两边，人们进入空间之后，中间是主要的行为动线，因此，中间区域应该更加开敞。

目标用户	住户是一对在城市中打拼的年轻夫妇，他们希望在这狭小的空间中也能保证他们的生活品质。平常他们白天出去上班，回家之后有时要再完成一些工作。他们都很喜欢读书，这会让他们感到放松。周末的时候，也经常会有朋友来家里作客，大家一起进行娱乐活动。

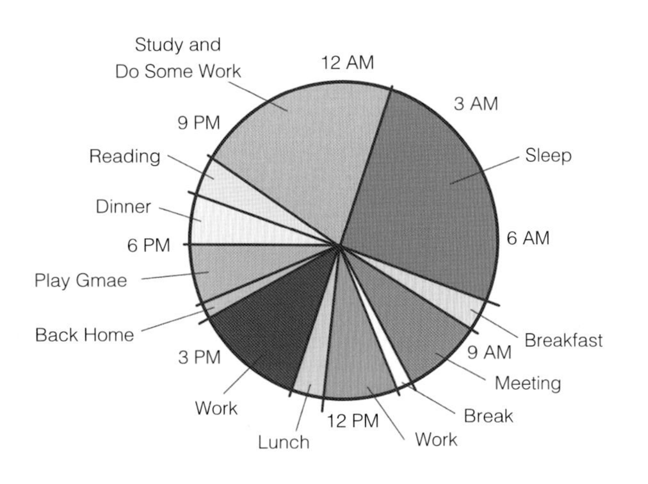

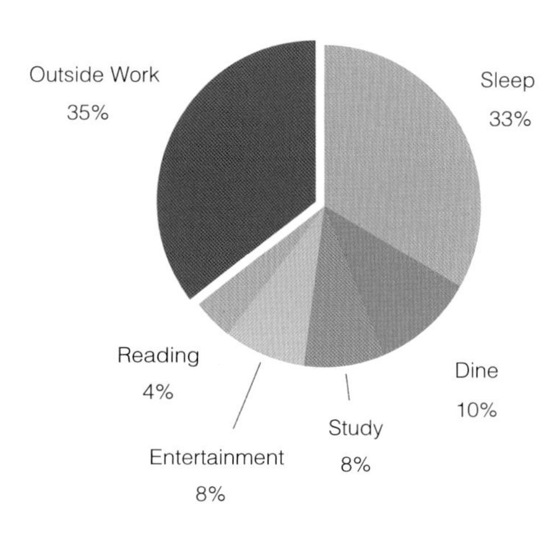

1 一天的生活过程
2 一天中约65%的时间他们都是在家中度过
3 机械车库设计

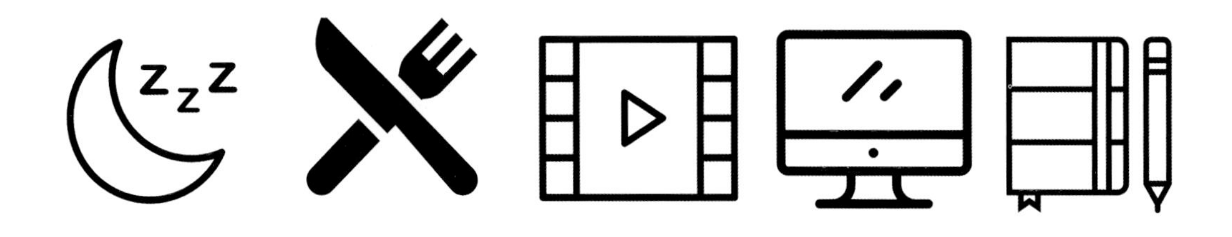

使用模式	根据住户的使用习惯，可以看到一个时间段只会进行一种行为，此时其他空间并不使用，因此将房屋设定出5个使用场景模式：①睡眠模式；②用餐模式；③娱乐模式；④工作模式；⑤阅读模式。

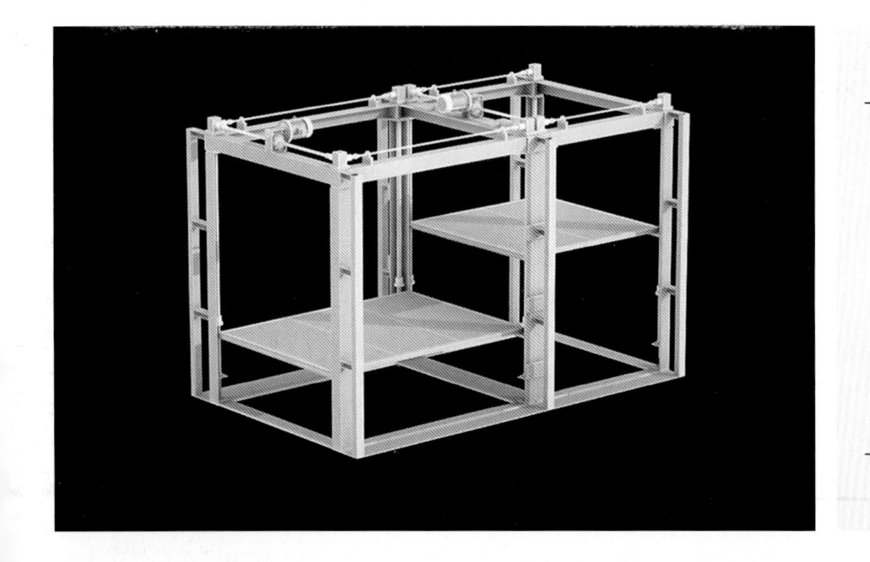

设计概念	小家也可以住出大房子的感觉，即使空间不大，也可以让人感到温馨、安全。辛苦一天回到家中，可以在这里放松自己，感受家带给自己的舒适。同一空间可以在不同情况下实现不同的功能，让空间不断地变化。

变幻空间

形式	为了充分利用空间，联想到立体车库，一辆车的占地面积可以停放多辆汽车，楼板可以自由地上下移动，实现多种空间的组合形式。
空间	①在不用某项空间功能时可以将这部分空间隐藏起来。 ②同一个空间可以满足多项功能。 ③空间尽量整体，减少琐碎的东西，以免显得杂乱。 ④空间中的家具多使用可折叠收纳的。

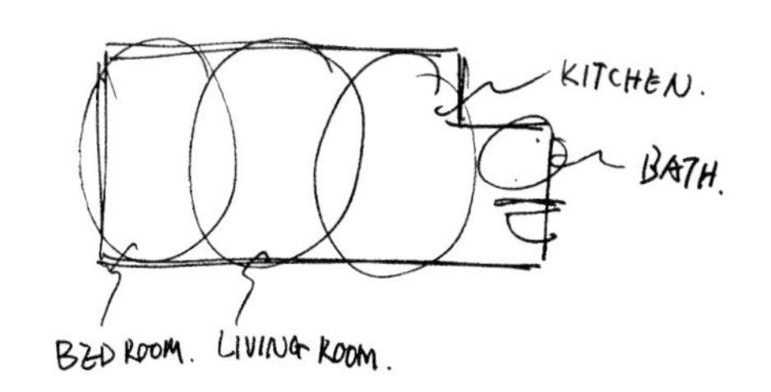

意向	主要参考立体车库的形式对住宅空间进行设计。在材料的选择上，主要选用木质材料，力求营造出温馨舒适的住宅空间，让人如同身处于灿烂的阳光下，幽静的森林中。

平面图

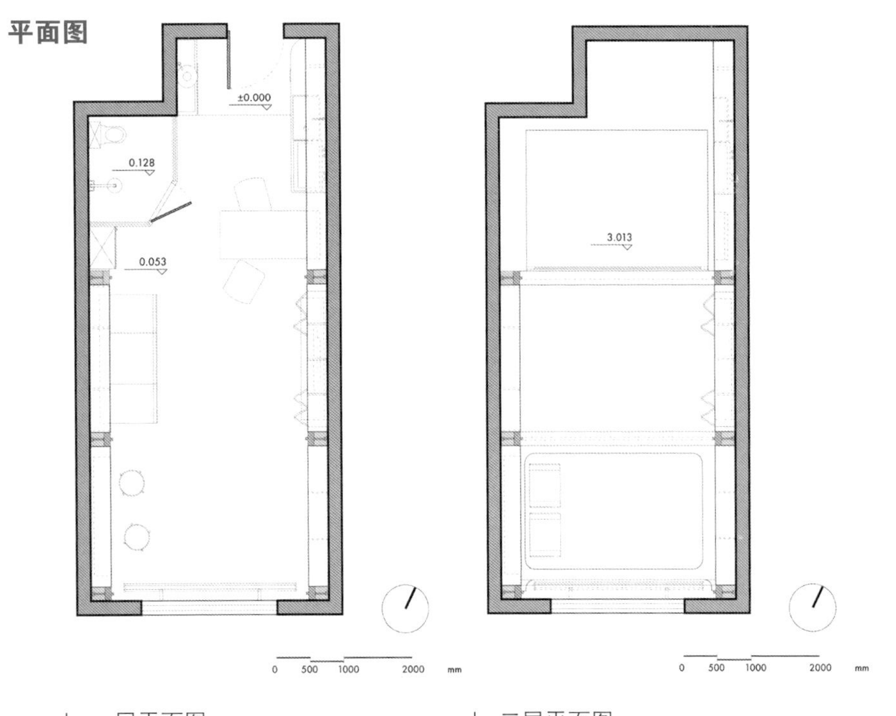

| 一层平面图

| 二层平面图

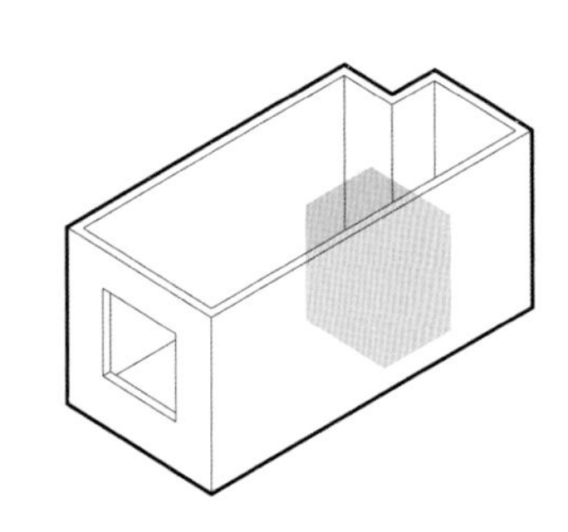

| 用餐模式区域

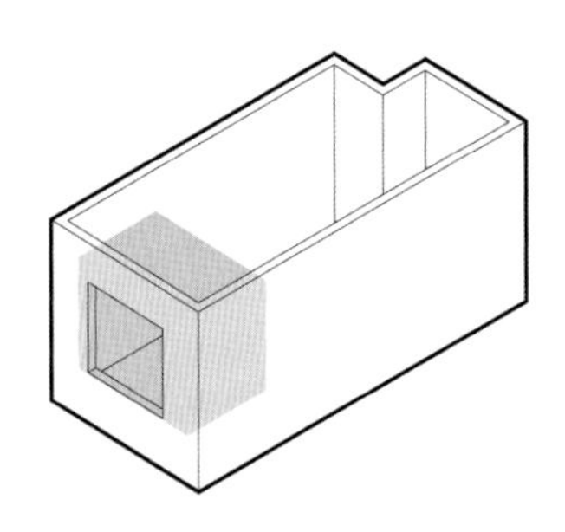

| 睡眠模式区域

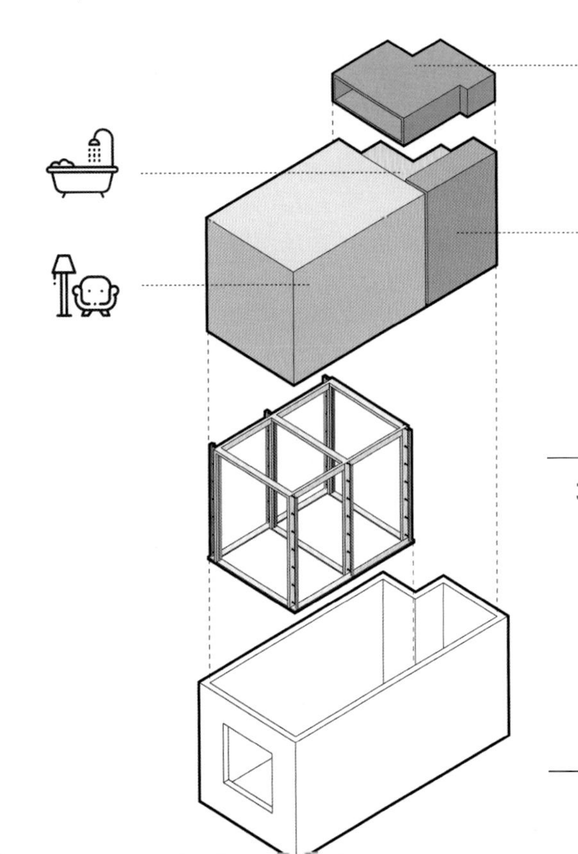

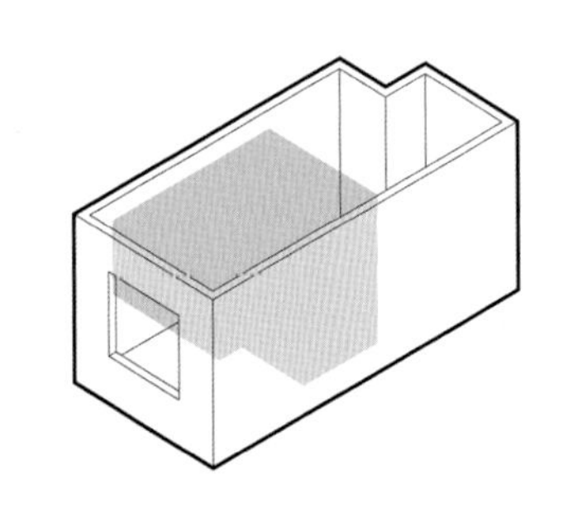

| 娱乐模式区域

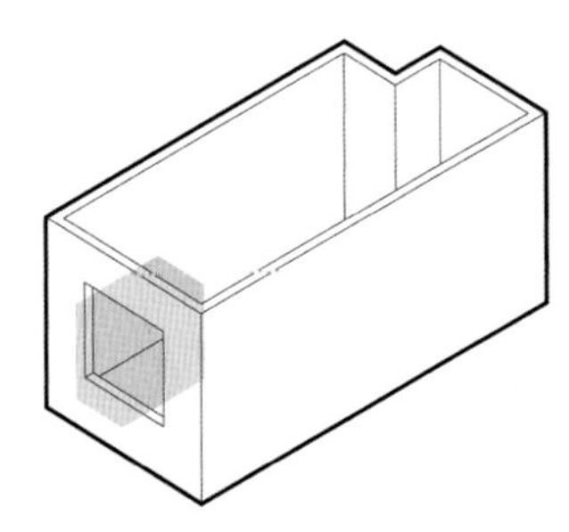

| 工作模式区域

功能分区	不同行为之间不会同时进行，所以不同模式的空间可以相互重叠，这样每一种模式下的空间都可以比原来更大，空间利用率更高。

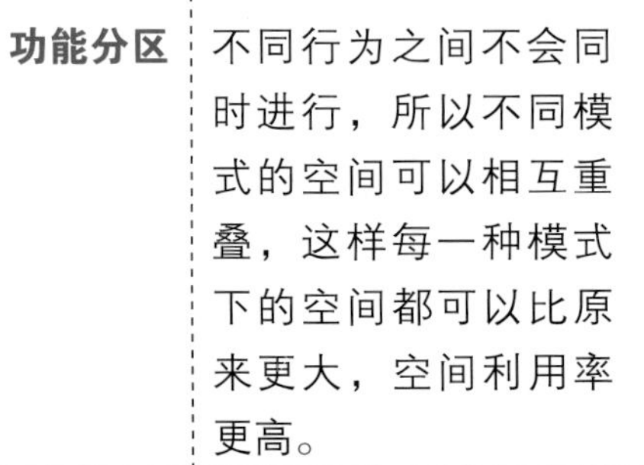

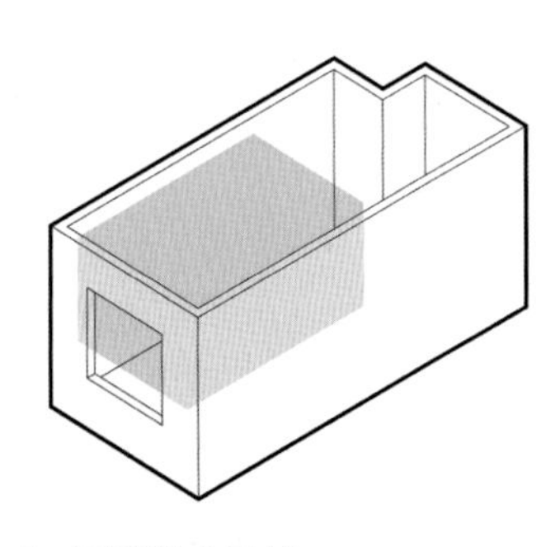

| 阅读模式区域

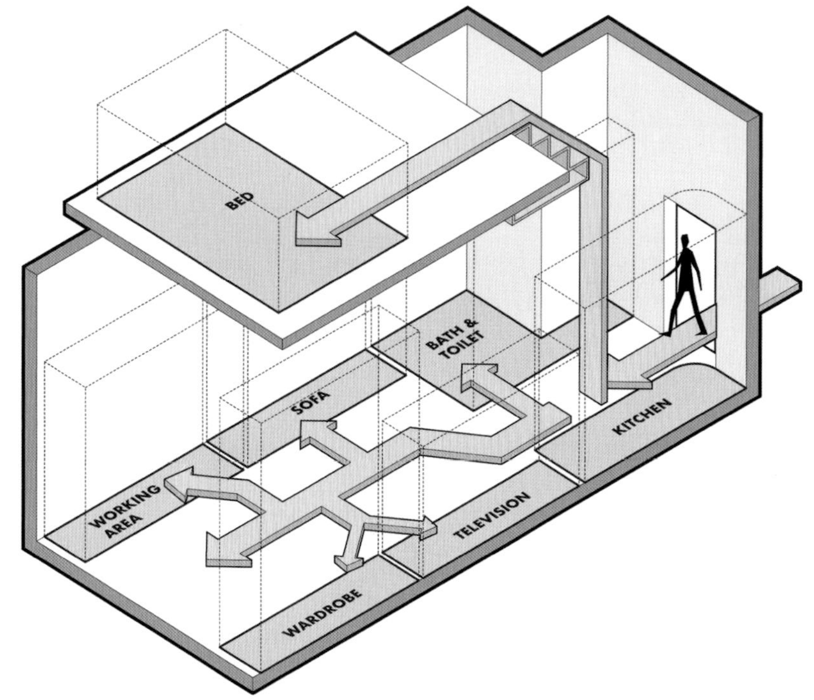

1 流线分析
2 工作模式
3 生活模式

场景模式

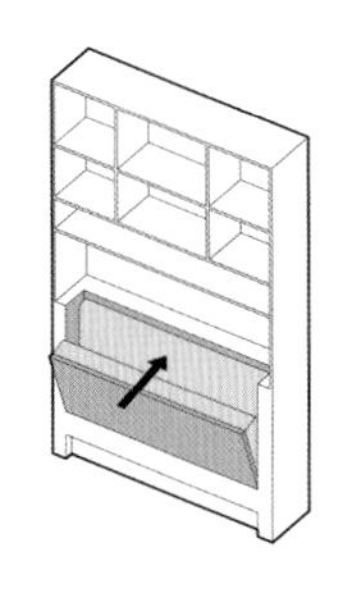

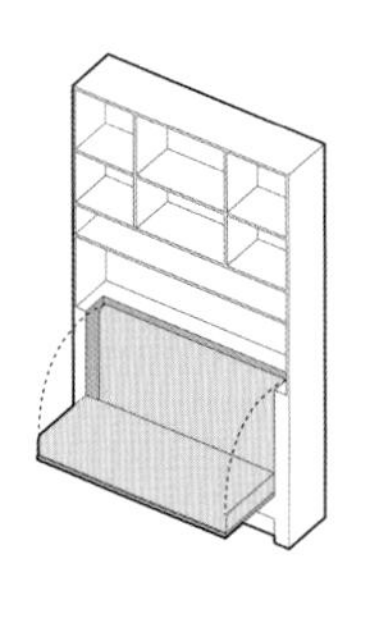

生活、工作模式	这个模式可以满足生活中大多数场景的使用。用餐、工作、看电视都可以满足，此时的两块可移动的楼板都在最高处，使下部的活动空间更加宽敞。
睡眠模式	这个模式下，有床的那块楼板降到距地面450mm的高度处，另一块楼板仍在最高处，这样就不需要爬楼梯到高处，也可以让起床之后有足够的活动空间。

4

1

2

3

1 生活、工作模式

2 睡眠模式

3 阅读模式

4 屋中的很多家具都使用了可折叠家具，例如沙发和墙柜进行结合，不使用时可以收到墙面内，减少地面的占用，也让楼板可以顺利地滑动

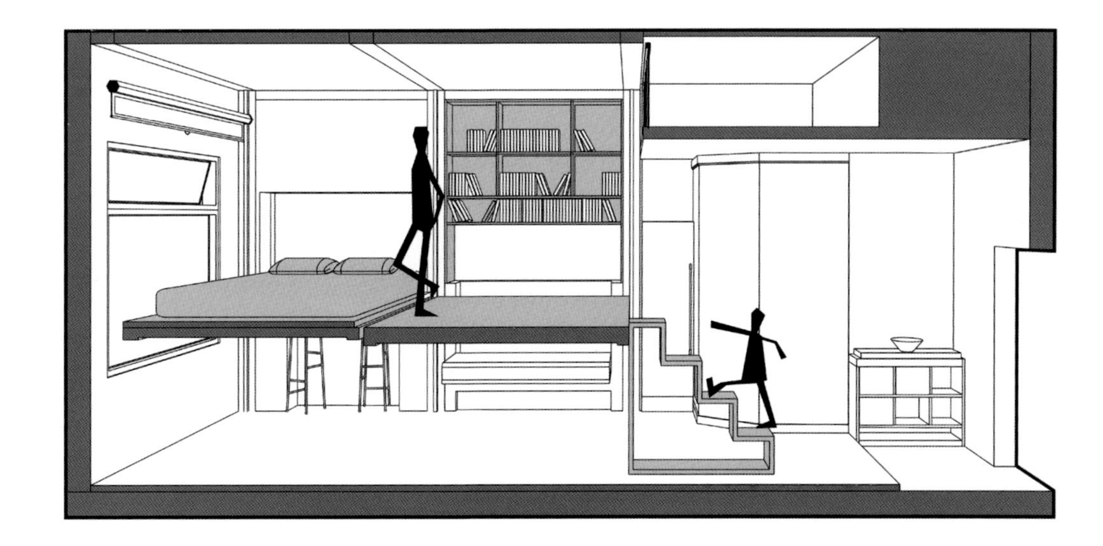

1 阅读模式
2 娱乐模式
3 餐桌等家具都使用了可折叠的设计

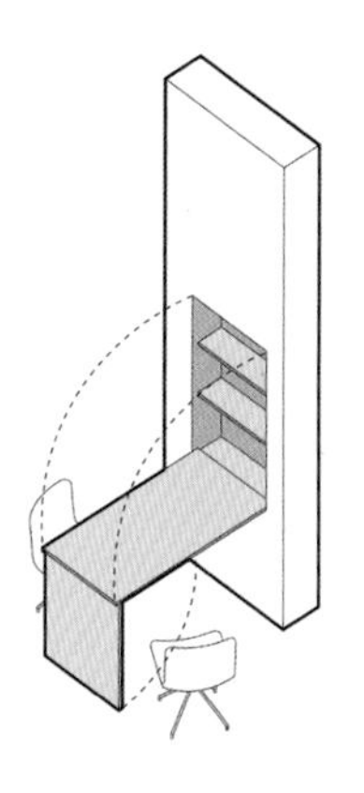

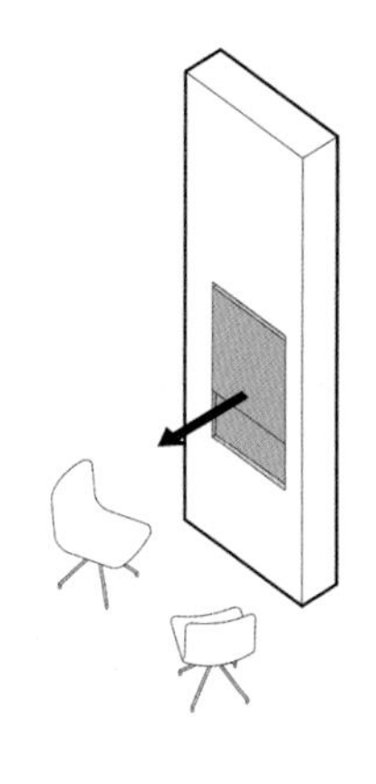

阅读模式	阅读模式下两块楼板都降到距地面1300mm的高度，将收纳于墙面内的滑动楼梯取出，就可以形成一个完整的高达1.3m的二层空间。 书架都位于墙柜的上部，方便取用。这种模式是为了给主人创造一种安静舒适的私密空间，在这里可以思考想象。
娱乐模式	娱乐模式考虑到可能会有朋友作客的情况，靠窗的楼板下降到距地面1000mm处，另一块楼板仍在最高处，这样幕布拉下就会形成一个小的观影空间，1m高的楼板变成一张大桌子，大家取出可移动的小凳子围坐在一起，共同享受这段时光。

尘埃可寻

设计的风格	空间的划分明确，功能独立，嵌套多属性空间。
色彩	颜色深沉，安静舒适。
适合人群	喜欢安静舒适的中、青年人。

目标人群	此空间的主人定位在青年夫妇2人和1个孩子。
男主人	M先生，36岁的交互设计师，有稳定的工作，会因为客户的紧急要求而在家内进行工作。他是一个宠老婆的好男人，有轻微洁癖。
女主人	C女士，34岁的环境艺术设计师，工作时间认真负责，下班后基本不会把工作带回家，作为爱好偶尔喜欢画些小插画，懒癌患者晚期，家里没人的时候喜欢窝在卧室里玩游戏。
小主人	两人有一个8岁的男孩，小M。他是一个小大人，认为自己已经是一个成熟的男人了，不喜欢显得孩子气的东西，希望自己有独立空间，在学习的时候不希望别人打扰，但在雷雨天还是会躲进爸爸妈妈的卧室里睡。

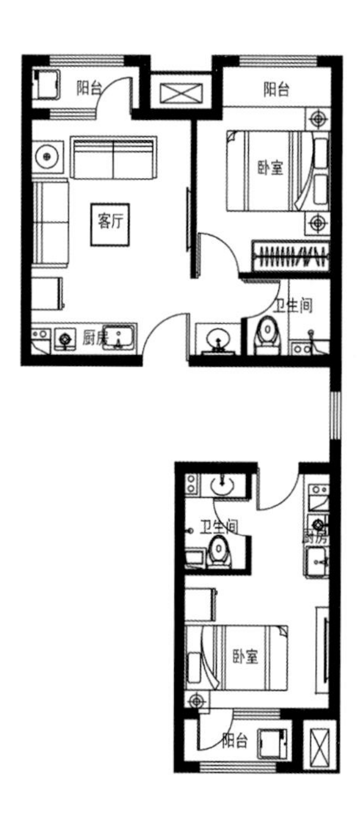

总的设计理念	由于是小户型改造，设计时更多考虑在有限的空间内划分出更多的功能属性，把公共空间与私人空间划分更加明确，增加了使用的隐私性，同时也保护了其他使用者不会受到干扰。小户型具有强大的收纳功能，在厨房、衣帽间和书房的布置上均结合墙面做了一体化的设计。
门厅	门厅是一个连接空间，它连通入口、厨房和客厅三个空间，起到了一个过渡作用，同时它也兼具储存杂物、工具的功能。

1 原平面图
2 一层平面图
3 二层平面图
4 门厅俯视图
5 门厅轴测图

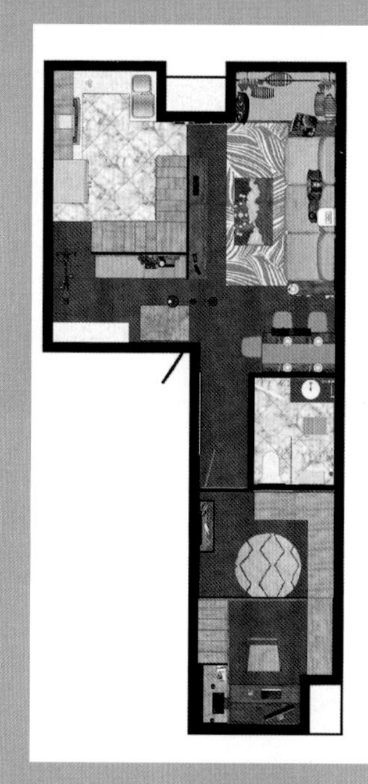

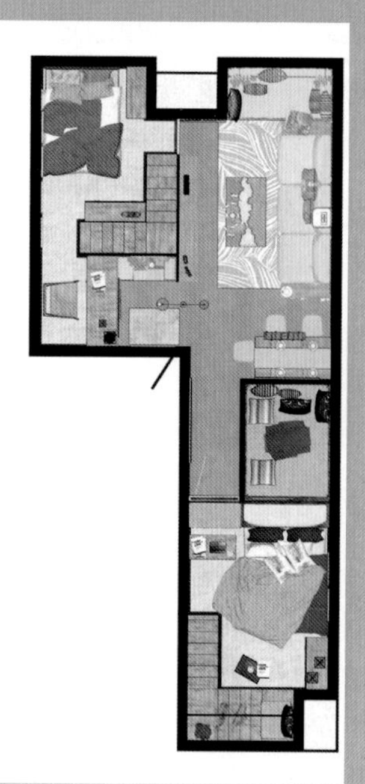

对原有平面的改动	此户型平面有较大的改动。 1.原始平面是由一个大空间和一个小空间组合而成的。 2.打通了两个独立空间的墙面，使空间相连。 3.拆分居室中两个卫生间的位置，保证原始水电路线尽量少更改。

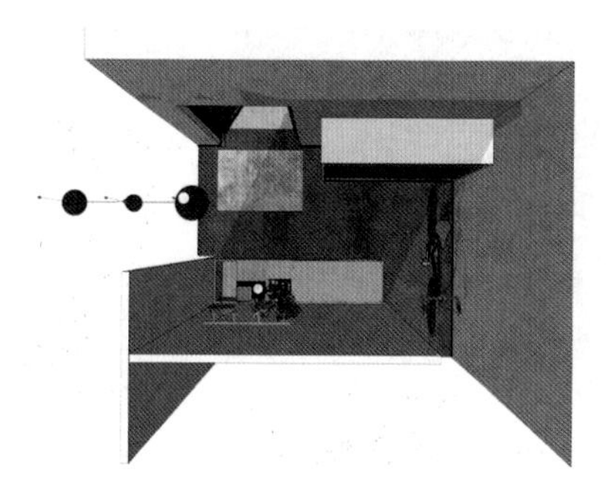

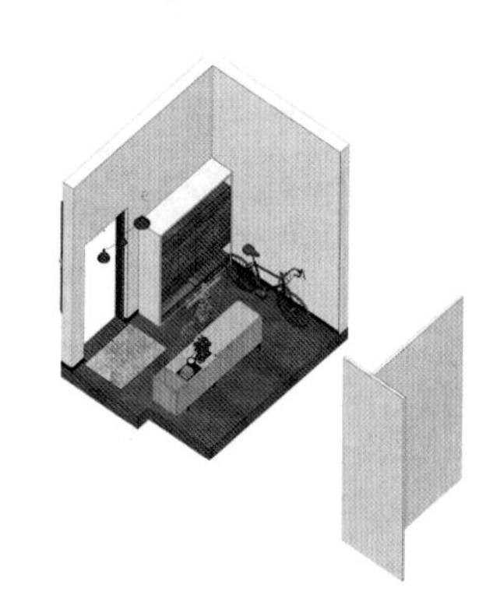

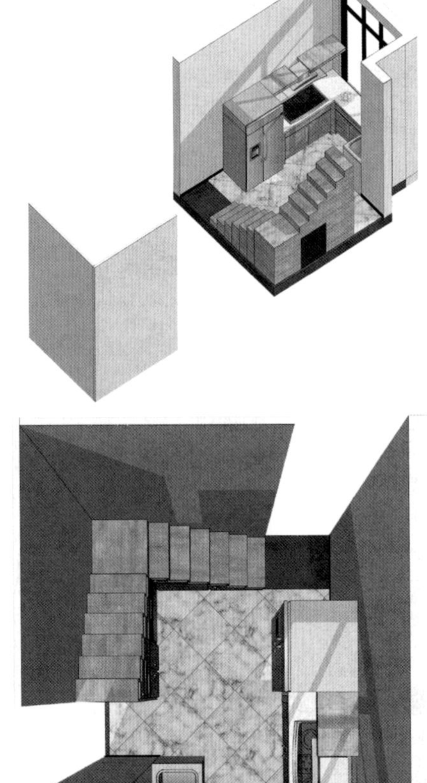

| 门厅效果图

厨房 在厨房的处理上，选择把它放在阳面的空间内，同时它也是一个半开敞的空间，与客厅和门厅相邻。通过一体化的储物楼梯向上是儿童的次卧。

| 厨房效果图

| 餐厅 效果图

餐厅	本设计的主题是“尘埃可寻”，希望在平淡生活中寻找到明亮的光点。晚饭的时间是家中最重要的一刻，夫妇下班回家，孩子也做完了作业，夕阳透过窄窄的小窗，打在桌子上，打在装饰画上，打在尘土上，好像一颗颗发光的星辰。平时，餐桌贴墙放置，在有客人来的时候，把桌子移动出来可作6人桌使用。
客厅	客厅是一家人的主要活动场所，布置以柔软舒适的质感为主，延续原始平面的理念，留出飘窗的位置，并与沙发相连。客厅设置投影仪，把影像打在白墙上即可，平时不使用时减少空间的浪费。

| 客厅轴测图

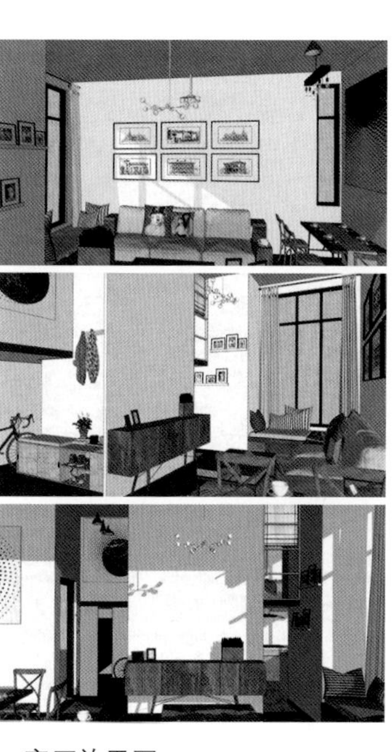

| 客厅效果图

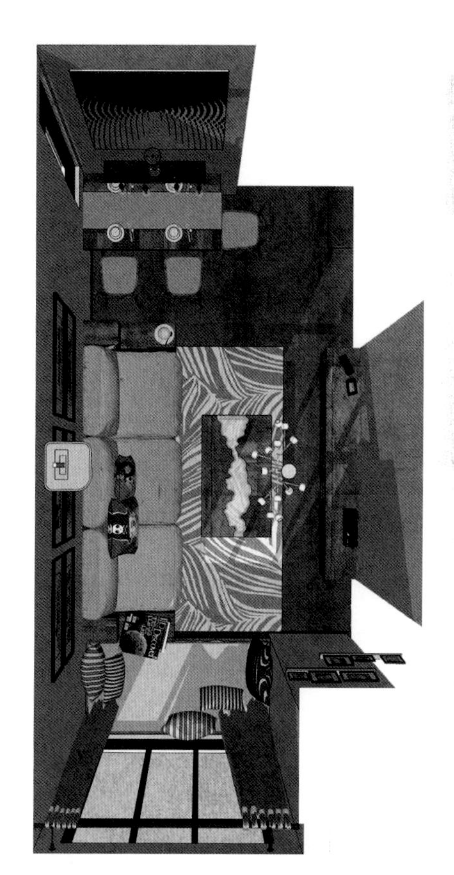

| 客厅俯视图

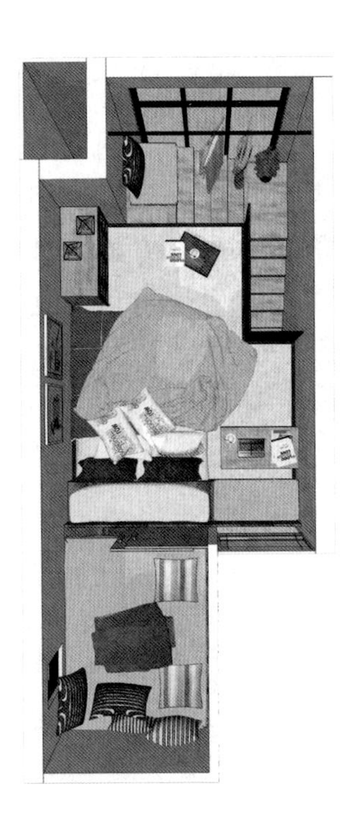

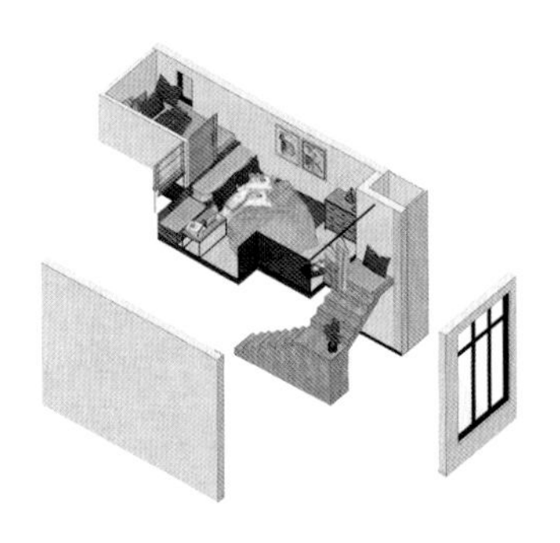

| 主卧轴测图

| 主卧效果图

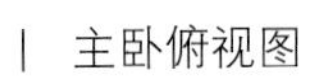

| 主卧俯视图

主卧 主卧由书房向上，由多功能休闲楼梯、卧室空间与小储藏室构成。多功能休闲楼梯与窗相邻，上可悬挂衣物，下可休闲阅读。床的旁边是一组小桌椅，供女主人平时进行简单的工作等。

| 衣帽间效果图

书房和衣帽间的俯视图

书房效果图

书房和衣帽间的轴测图

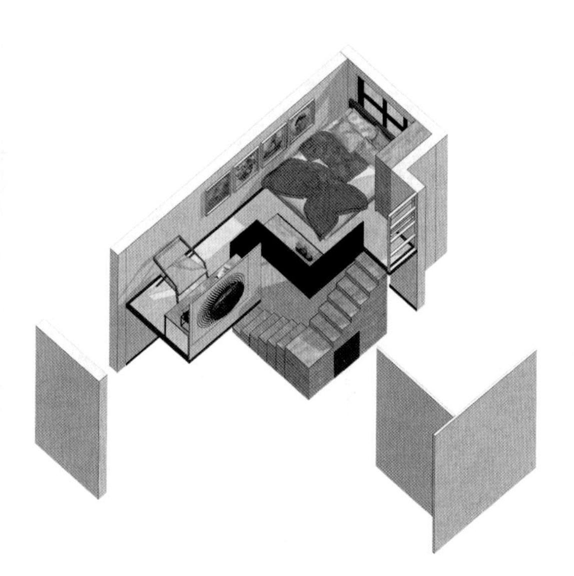

次卧轴测图

次卧俯视图

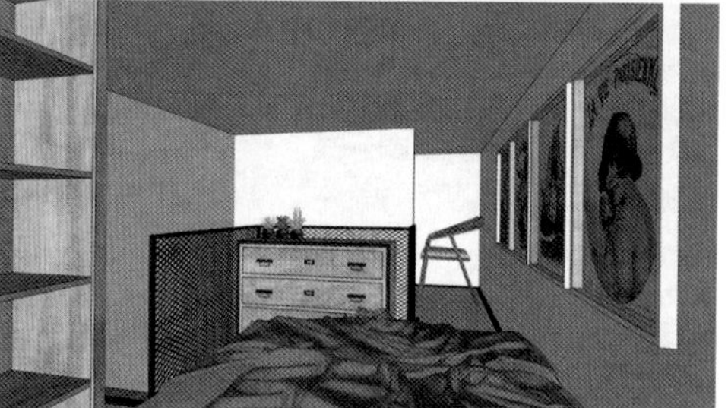

次卧效果图

卫生间效果图

卫生间俯视图

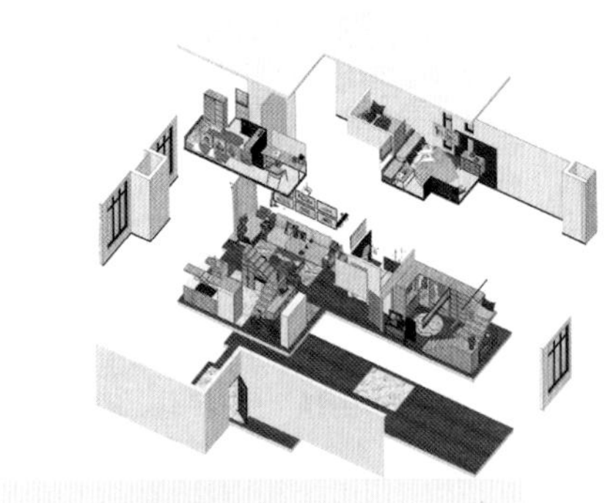

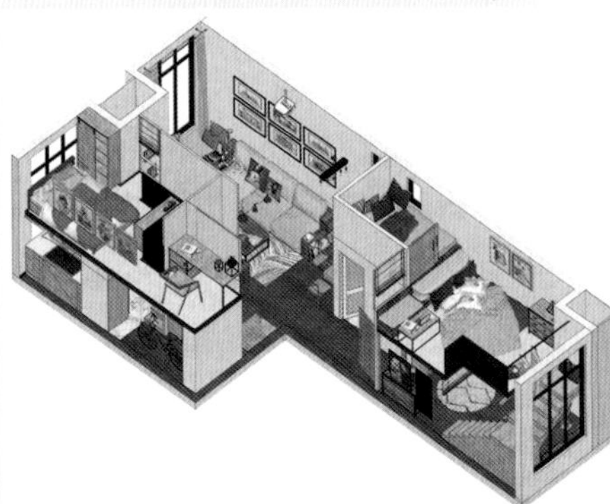

卫生间局部效果图

卫生间轴测图

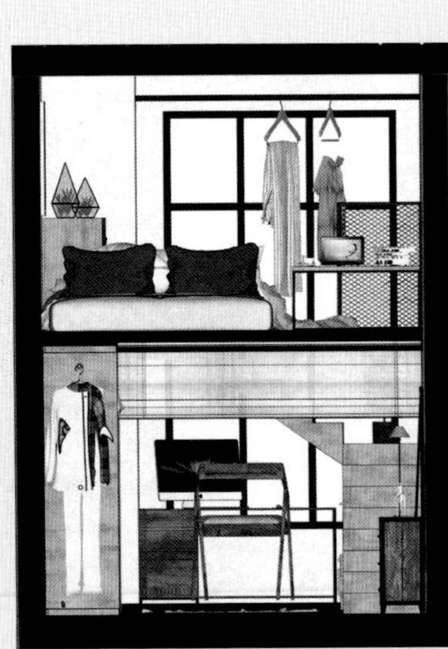

1 爆炸分析图
2 总轴测图
3 剖面图

1 剖透视

2 剖透视

窗

和风物语

设计风格	舒适、简约、精致、温馨、带有轻微日式和风特色的风格。
色彩	以淡黄色、亚麻色、原木色等暖色调为主，给人安静放松的感觉。
适合人群	追求宁静的都市人，对日式简约风格喜爱的人群。

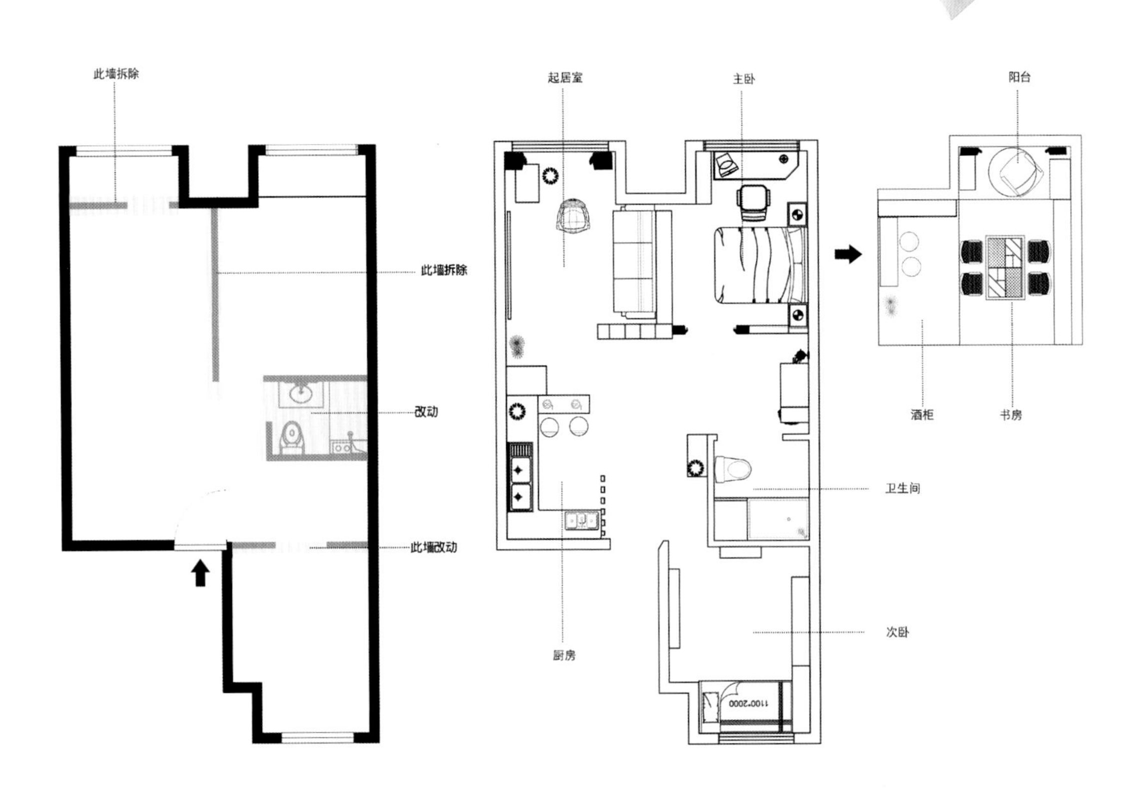

1 2 3

1 对原有平面的改动
2 改动后的平面
3 书房

对原有平面的改动	打通了客厅、主卧以及阳台使整个空间变得流通，为了增加空间，在主卧之上设计了二层空间。
目标人群	女主人是喜爱日本文化的单身旅行作家，生活小资，偶尔三五好友来家中小坐，喜欢简单悠闲的生活节奏，以及温馨的家装风格。

卫生间	为了节约空间并且为了更方便地使用，设计成干湿分离式，将洗手台放置到洗手间门外与主卧相交的壁面夹角中间，合理利用了空间，并且使洗手间的每个区域都有单独的隔断，可以满足多人同时使用。

| 门厅

| 酒柜

装饰元素

选择传统和风图案作为元素，在卧室的壁面和一些家具上都有所体现。在一些陈设品以及一些软装上，也都选择一些原木材质以及天然材料，使其更具有日本风格的味道，还选用了日式的壁灯作为点缀。室内选择了一些挂画装饰墙面，既是陈设品，又具有营造空间氛围的作用。

在选择灯具时，为了与整体空间气氛相协调，选用了天然材质为主的材料，例如：藤编、竹子、天然木材、绢丝等材质，与日式和风的风格相统一，灯光选择柔和的暖光源，相互作用下，形成了温馨的空间氛围。

总体设计理念

现代人们的生活方式虽发生了变化，但对自然宁静的追求却未曾改变，“和风物语”借鉴了日式和风的设计，以清新自然、简洁的独特品位，形成了其特有的风格。对于生活在都市森林中的人来说，日式家具环境所营造的闲适自得的生活境界，也许就是我们所追求的安详平和的理想生活。温馨、典雅又富有禅意的日式家居，将自然的材质大量运用在室内，从大自然中提取色彩，不追求奢华高贵，以淡雅质朴和禅意为境界，重视空间的实用功能，在有限的空间中营造清素淡雅、纯洁清净的环境，安详平和的心境油然而生。

餐厅、厨房	由于主人不常做饭，因此厨房采用开敞式，并配有一个吧台桌作为用餐空间，既节约了空间，不使用时又可以收起来，使空间具有灵活性。
起居室	整体的设计风格是暖色调的日式风格，在色彩上采用浅色、亚麻色等色彩，给空间营造一种温馨、轻松的氛围。

厨房

客厅1

客厅2

| 主卧

主卧	卧室的壁面选择了传统的和风图案和木格栅作为元素，使其更具有浓厚的日本风格，还选用了日式的壁灯作为点缀，既是陈设品又具有营造空间氛围的作用。为了充分利用竖向空间，夹角处设置了壁面书柜，节约了平面上的空间。
书房	由于室内层高有3.8m，为了避免竖向空间的浪费，因此在立面做了局部的抬升，加高的空间用来作了书房和休闲吧台（楼梯也可以作为一个大的收纳空间）；为了打造出清雅宁静的日式房间，木质、竹质、纸质的天然绿色建材被应用于房间中，几件方正规矩的家具显示出主人宁静致远的心态。

| 书房

| 次卧

次卧	设计为榻榻米式，朋友来居住时可以作为独立的次卧来招待客人，不用时可以变为储藏室，也可以作为品茶、做瑜伽时的活动空间。
休闲阳台	可以满足养花、享受阳光的需求。在书房处理工作之余放松身心，且休闲阳台的位置比较私密，是非常好的私人空间，适合静坐。

| 阳台

筒灯
吸顶灯
吊灯
壁灯
射灯

1 立面图
2 灯光布置图

沙发

洗漱台

设计空间的特点

日式设计风格受日本和式建筑影响，讲究空间的流动与分隔，流动则为一室，分隔则分几个功能空间，空间中总能让人静静地思考。

因此，在空间的划分上，没有采用实体的墙面来分割，而是采用了大量的单元式的架子，划分了空间的同时，保证了采光通风，还具备储物和展示功能。室内隔断尽量避免封闭式围墙，改成半封闭式的书架和窗帘，卫生间的门采用透明玻璃门，保证了通透性（入口的大门和客厅的窗户形成空气流通）。

层高3.8m，抬升二层空间会导致竖向空间过于低矮。因此，采用在半个模块处构建一个垂直空间，在一层不需要站立的区域降低空间的高度，就可以使二层空间高度增加使人更加舒适。在一层主卧的写字台区域和衣橱区域也采用了同样的手法，在二层刚好形成一个休闲阳台的区域。

黑白屋

设计风格	现代主义。
姓名	LIl Wayne。
职业	景观设计师。
爱好	看书、烹饪、时尚、运动、收藏潮品、旅游 喜欢的颜色：黑色、白色、蓝色。
工作状况	常常加班，即使回家了也需要在家工作， 闲暇时间和工作时间都比较集中。

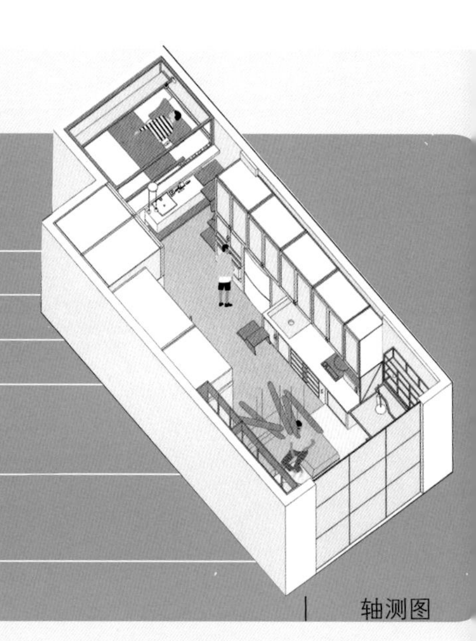

轴测图

业主需求	1 希望房子敞亮，阳光能充满整个屋子； 2 偶尔会有朋友来作客，需要一个能会客洽谈的地方； 3 喜欢朴素的色彩，不要太花哨； 4 特别热爱阅读，如果能有一个舒适的阅读环境就太好了； 5 大的工作台方便加班使用； 6 柜子最好多点，喜欢时尚，常常需要买很多衣服和鞋子； 7 衣柜最好很大，能有一个全身镜。
地理位置	北京市朝阳区，地靠两大公园，邻近望京西地铁站，有图书馆便于阅读，紧邻超市，方便购物。

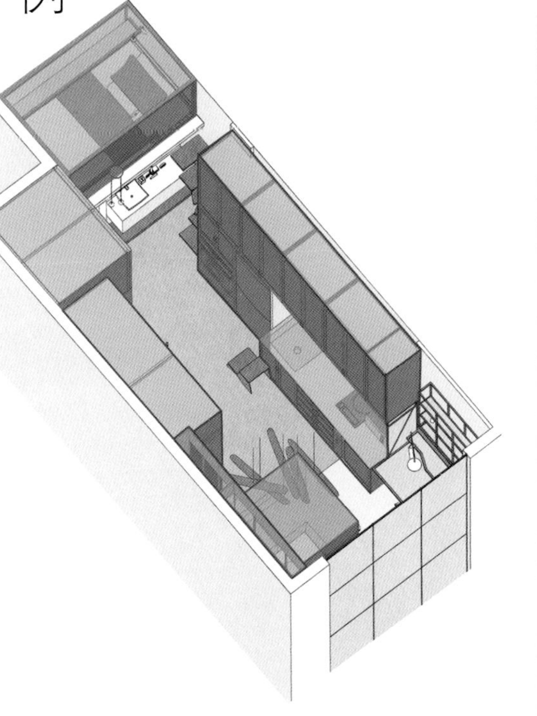

空间布置图

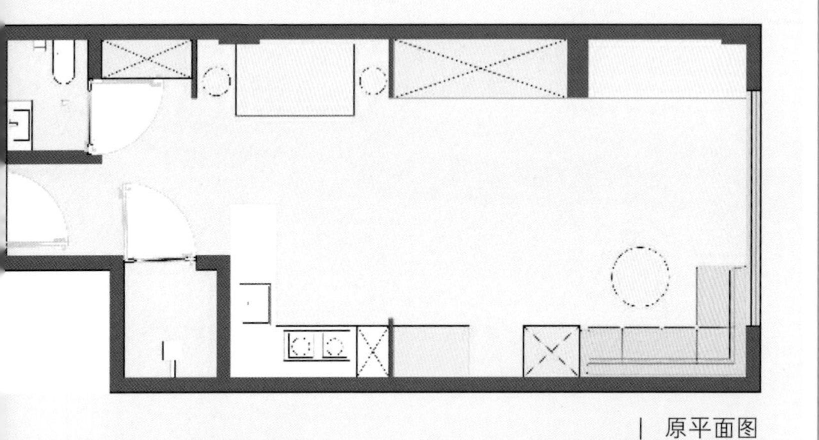

| 原平面图

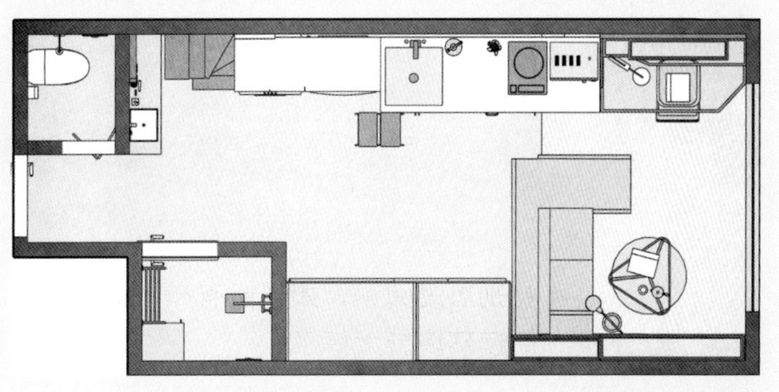

| 改造后平面图

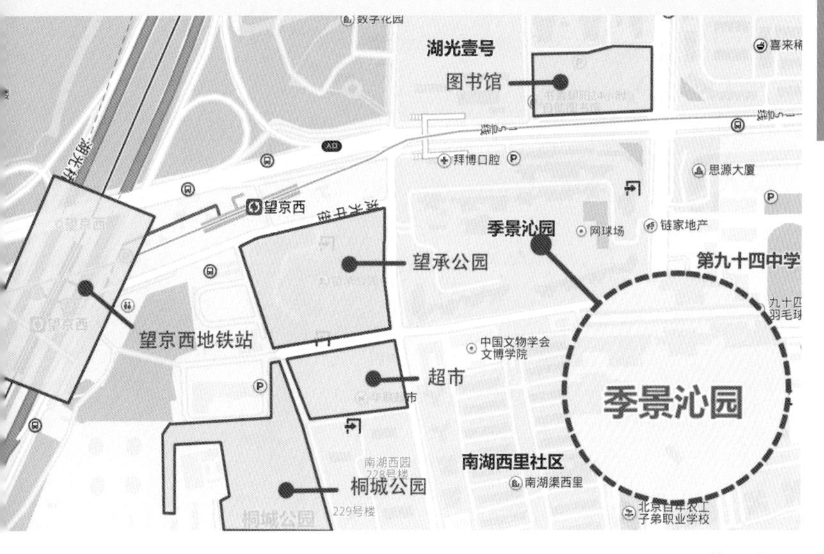

| 区位分析图

行为分析

分析业主可能在家中发生的行为，对其行为专门定制配套的空间。

业主是单身男青年，除了要满足这个年龄段的基本需求，还需要对他设计师的身份有所考量。

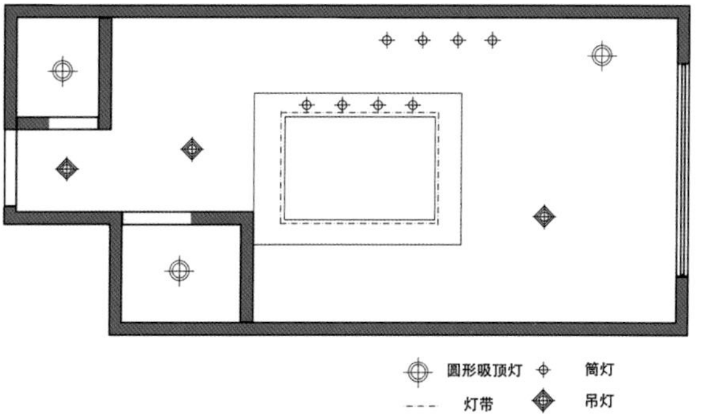

| 灯位图

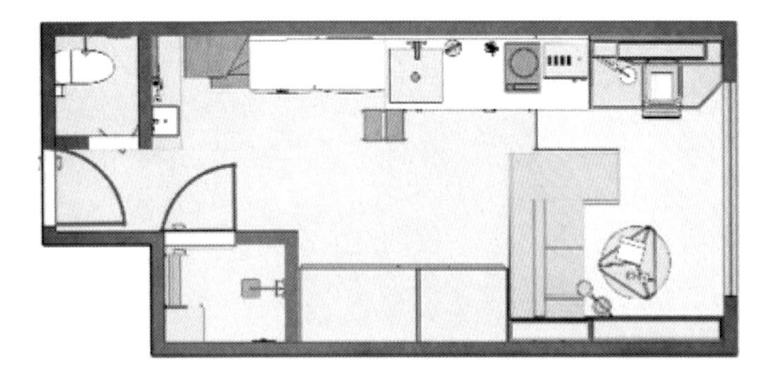

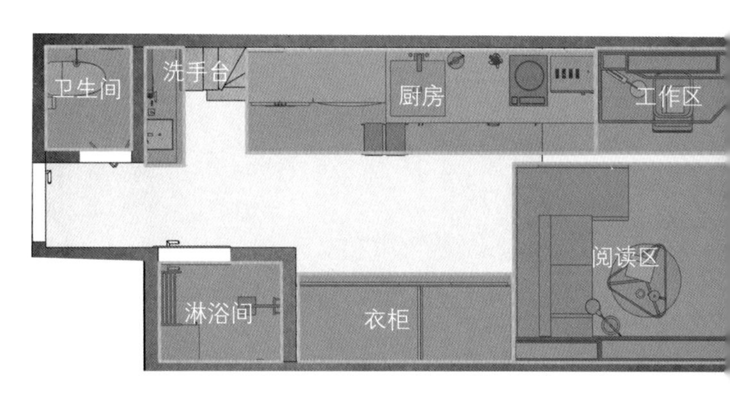

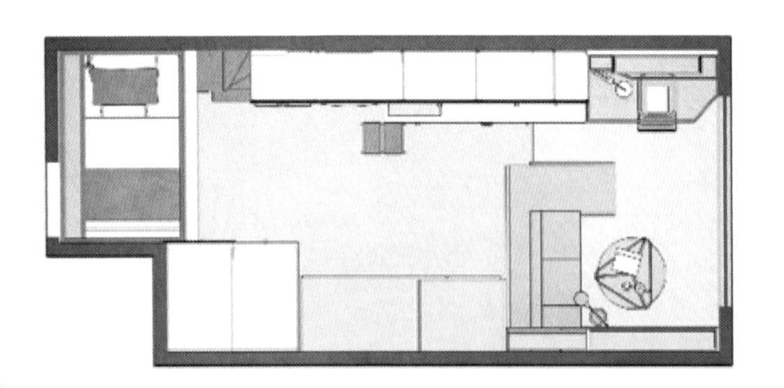

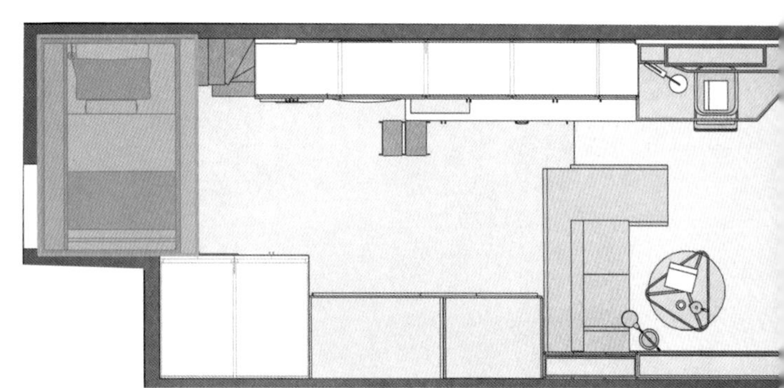

设计思路	由于是小户型设计，在较小的空间中需要满足业主尽量多的需求，所以重点在空间的布局、颜色的搭配上。 整体空间布局往两侧安排，将中间的区域保留出来，一是为了房中唯一的落地采光能更好地贯穿全屋，二是方便行走。 色调主要采用亮色系为主，考虑到业主性格比较稳重，色调基础运用了保守稳重的黑白搭配。 由于层高3.8m，设计了较多的储物柜，加大利用空间。而且业主对睡眠的要求不高，于是在入口处做了一个二层的床，将南侧空间让给阅读和会客功能。

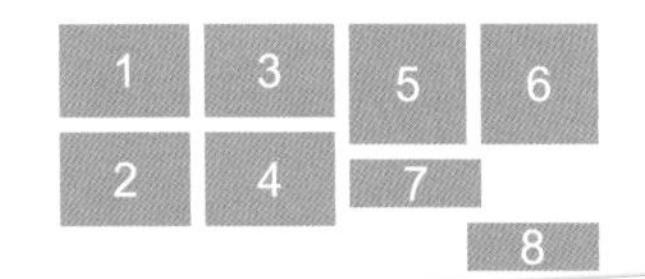

1 一层平面图
2 二层平面图（建筑面积28m²）
3 一层功能分区
4 二层功能分区
5 配色分析图
6 剖透视图
7 一层立面图
8 二层立面图

配色分析	色调安排上，主要采用亮色系为主，考虑到业主为男性，性格比较稳重，色调基础则是运用了保守稳重的黑白搭配，加上少许的纯色点缀。

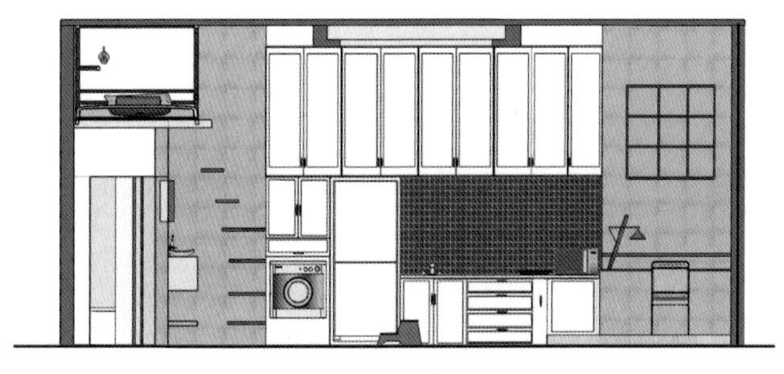

空间分析	整体空间布局往两侧安排，越靠近窗边，空间布局就更低更靠墙，将中间的区域保留出来，目的是为了房中唯一的落地采光能更好地贯穿全屋，其次是方便行走。

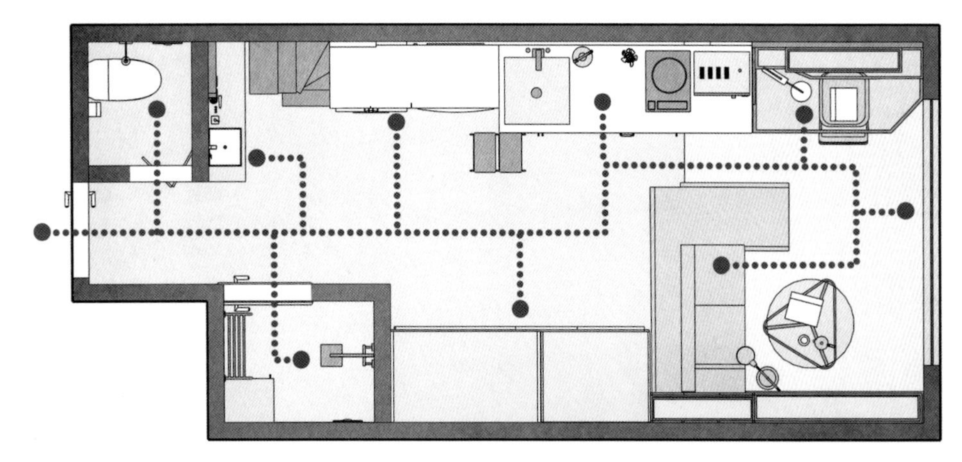

动线分析　动线设计目的明确，一条直线贯穿全室，空间连接一气呵成。

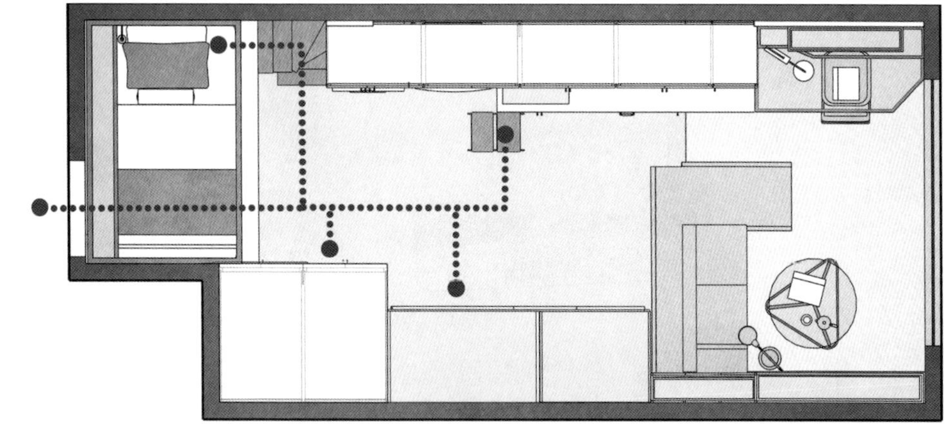

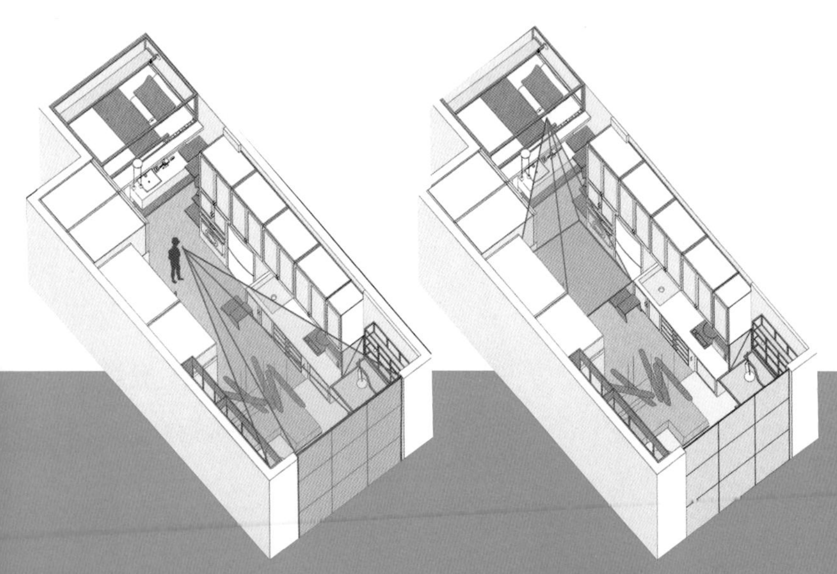

视线分析　从床往下看，储物柜对光线有部分遮挡
不会影响睡眠。从入口处可以对空间一目了然，光
没有被遮挡，空间开敞。

近窗户能够为整个区域提供充分阳光。**厨房与**
读区

厨房与阅读区

天阳光能够直接照亮整个屋子。**从床位可以鸟瞰全屋**

阅读区的大型书架搭配深色砖墙增加层次，酒红色落地灯点缀深色空间。**阅读区**

入口处的淋浴间、卫生间和洗手台分开设计，方便打扫。**入口区域**

洗手台与楼梯的底层空间结合，利用灰空间作为物架空间。**洗手台区**

淋浴空间与卫生间分开，方便打扫，内置玻璃架可以放置更换衣物。**淋浴区**

两侧的深色磨砂砖墙衬托着中心橱柜，使空间节奏在颜色上有所变化，同时阅读区的木地板抬升分割了两处空间。**厨房与阅读区**

入口处的卫生间由于空间进深较浅，运用折扇门节省空间。**卫生间区**

黑色陶瓷锦砖墙搭配纯白橱柜，搭配白色大理石衔接。**厨房区**

工作区采用玻璃台面，空间保持通透，同时玻璃隔墙可以阻挡厨房的油烟。**厨房与阅读区**

架空的床铺，以钢架结构为基础，床边有置物架和床头灯。**休息区**

深色书架与白色衣柜形成颜色反差，靠近入口处采用浅色，弥补光照色差。**橱柜与阅读区**

简约北欧风小户型设计

目标人群	以女性为主体，热爱生活、热爱阳光的90后单身女青年，崇尚简约自然、温馨舒适的居住空间。
设计理念	小户型是一种城市居住形态，体现的并不是单纯意义上的相对于普通住宅面积减少的住宅，它体现的是一种生活方式——适合青年人讲究高效、简约舒适性的生活方式，这是一种新的居住文化的物化形式。特别是对于城市青年，由于他们刚工作不久，积蓄不多，所以住宅的每一寸面积都关系到居住者的切身利益，所以必须对每一处精心设计，在节约面积的基础上合理利用空间。此次设计的宗旨就在于如何正确处理三大空间——公共活动空间、个人私密空间、卫生活动空间，按其特征和特定的要求进行布置，做到“公私分离”“动静分离”“洁污分离”“食寝分离”“居寝分离”，让生活规律，互不干扰。结合温暖舒适的阳光以及活跃空间的舒适配色，真正实现诗意栖居的理想生活。

原始平面图分析

面积约26m²，层高3300mm的狭窄长条形空间，不利于空间的划分，所以只能使用复式户型增加使用面积。

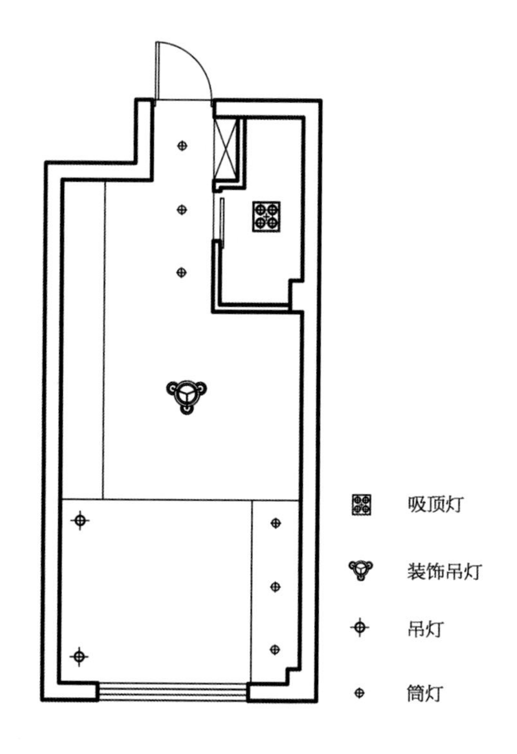

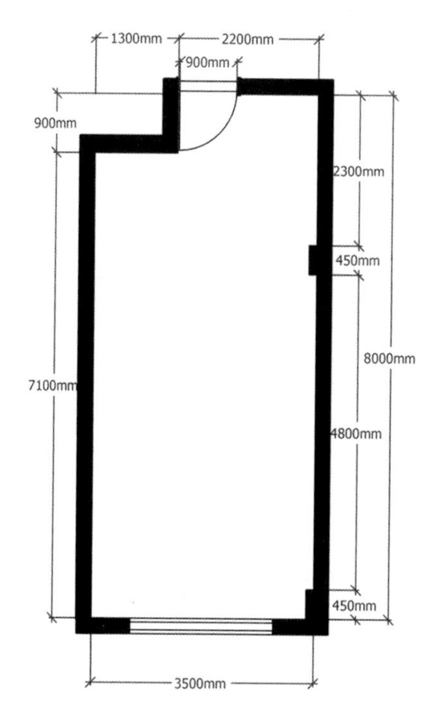

1	2
3	4

1　顶棚图
2　原始平面图
3　一层平面图
4　二层平面图

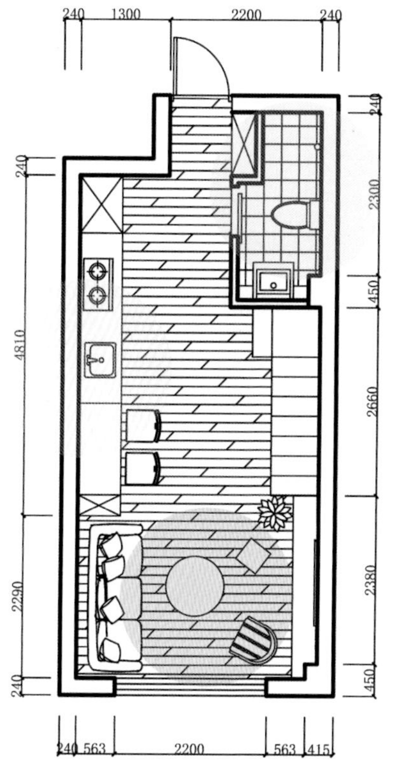

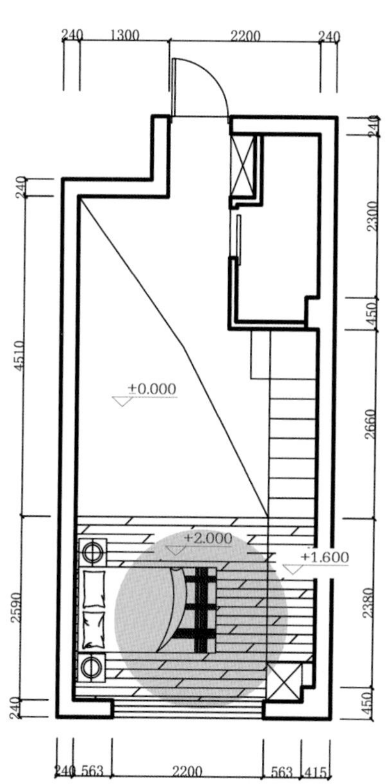

卫生间

厨房用餐区

客厅公共休闲区

个人工作休息区

客户需求 体现个性的生活方式和思维方式，居住空间的质量应具备独特性和舒适性。不喜欢繁琐的折叠家具，讲究生活状态的便利快捷，各功能空间使用功能齐全，清新淡雅，充满阳光。需要一面照片墙装裱自己的绘画作品。喜欢蓝色和黄色，喜欢沐浴在阳光中，享受阵阵清风。

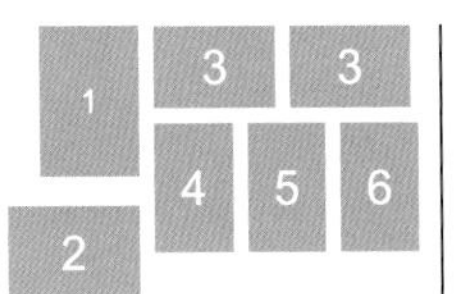

1　卫生间效果图
2　空间效果图
3　卧室效果图/楼梯下方强大的收纳空间
4　二层俯视图
5　一层俯视图
6　客厅效果图

将客厅与卧室放在南边有利于阳光的照射。采用简洁明快的装修手法，清淡的材质与镜面玻璃等材料利于视觉延伸。透光的玻璃，减少固定的墙体，使得室内空间流动开敞而不闭塞，同时也使得空间光线充足。大面积的照片墙也丰富了空间。

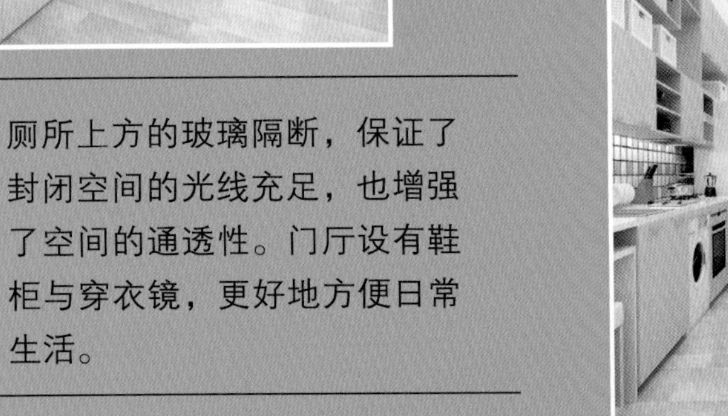

厕所上方的玻璃隔断，保证了封闭空间的光线充足，也增强了空间的通透性。门厅设有鞋柜与穿衣镜，更好地方便日常生活。

家电设施（冰箱、洗衣机、微波炉等）占用空间都比较大，所以根据户型，使用直线型，将厨房空间与餐厅合二为一。因为厕所面积狭小，所以只能将洗衣机放置在厨房，丰富空间功能性。

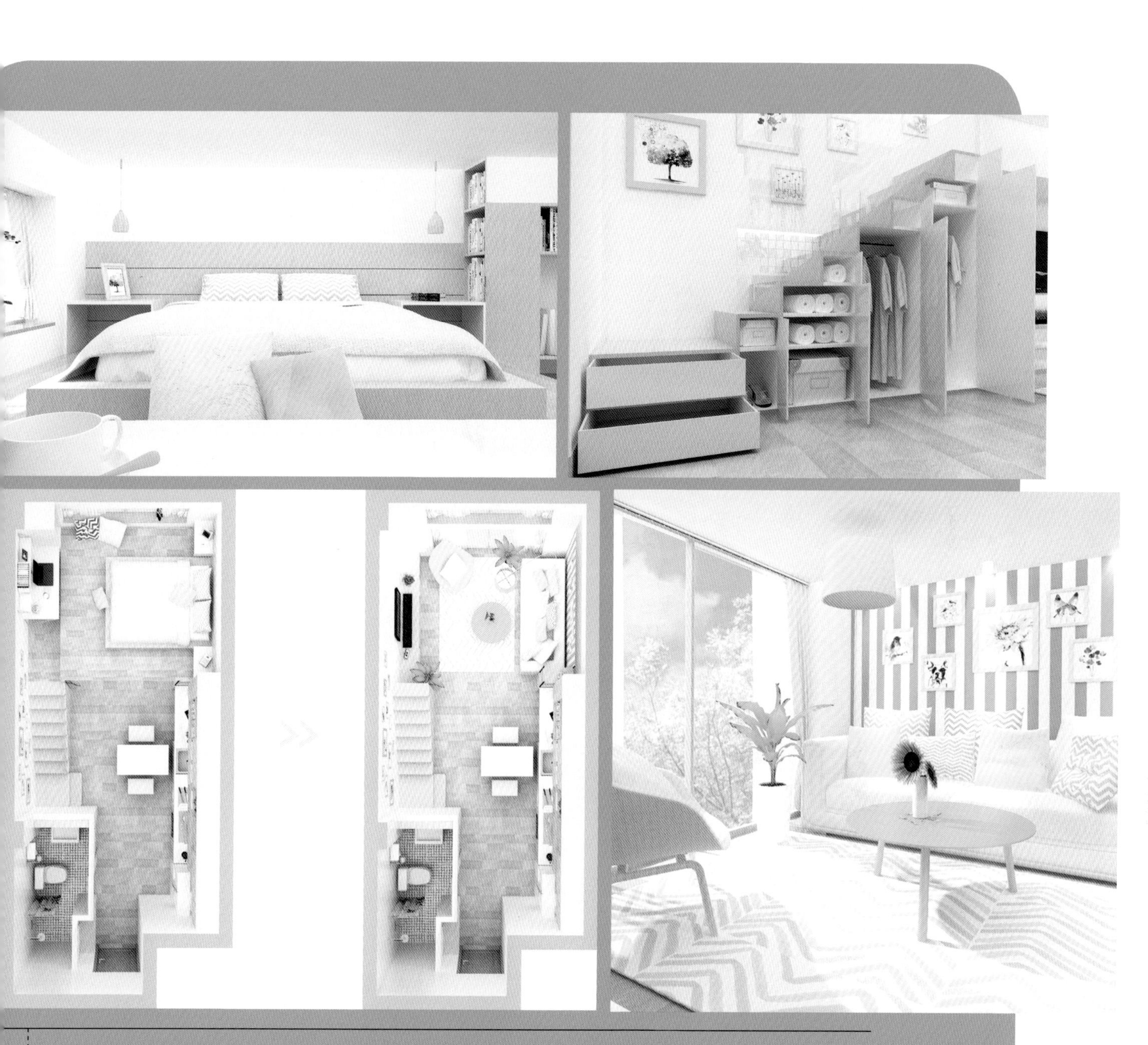

二层楼梯部位下降400mm，给予二层足够的站立空间，增强生活的舒适性。此处并设有可以折叠的书桌，增设了工作空间，下降的400mm也增强了坐着的舒适性。书桌旁设有衣橱，方便衣物的拿取。

软装上的色彩和图案搭配可以活跃整个空间，增添空间的丰富性，使之充满活力

可以移动的餐桌及收纳凳，增强了空间的利用率。

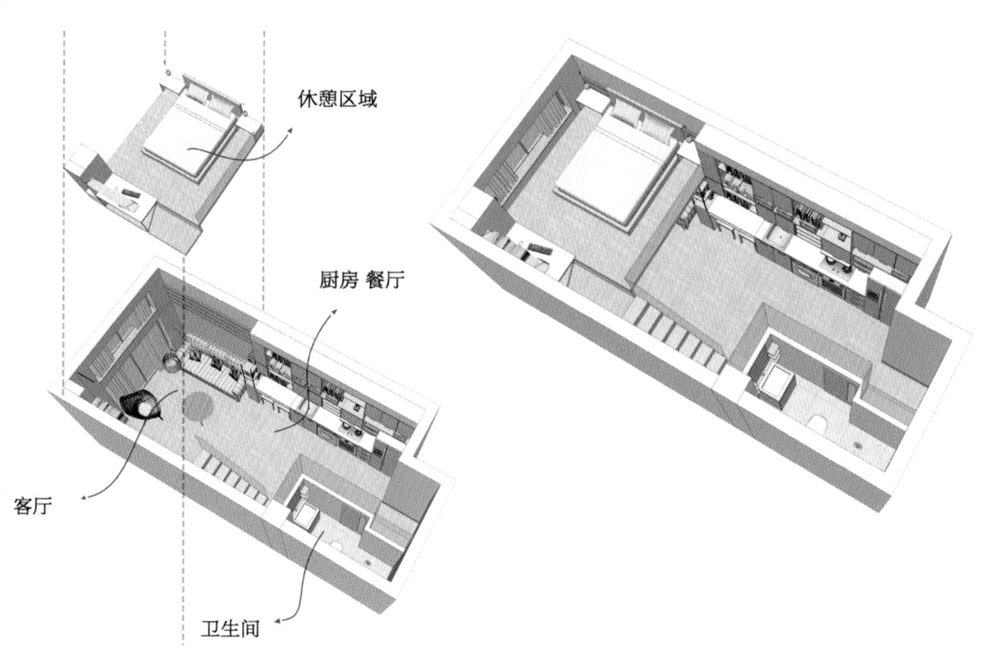

空间效果分析　整体空间简洁清新，开敞的中庭给人以舒畅的感觉，蓝黄的颜色搭配创造阳光的氛围，淡雅中又不失活跃的元素。

“木与白”

设计风格	空间的跨界，垂直空间的利用，模糊的分界。
时尚风格	极简主义，平和的色调，宁静安适。
适合人群	热爱阅读和思考，对生活具有独特品位与见解的青年群体。

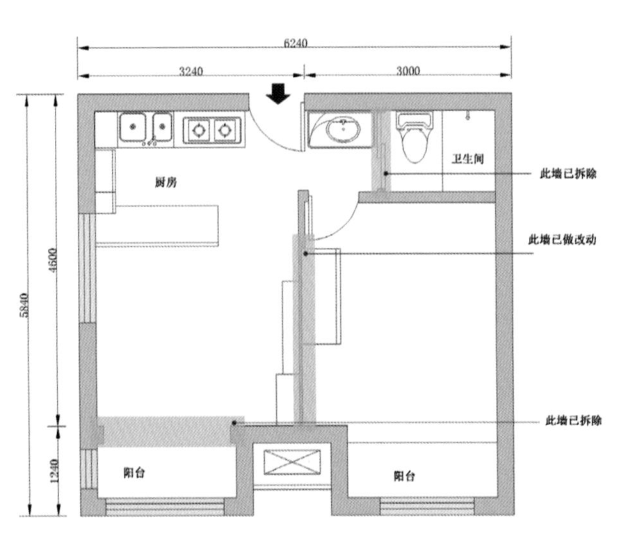

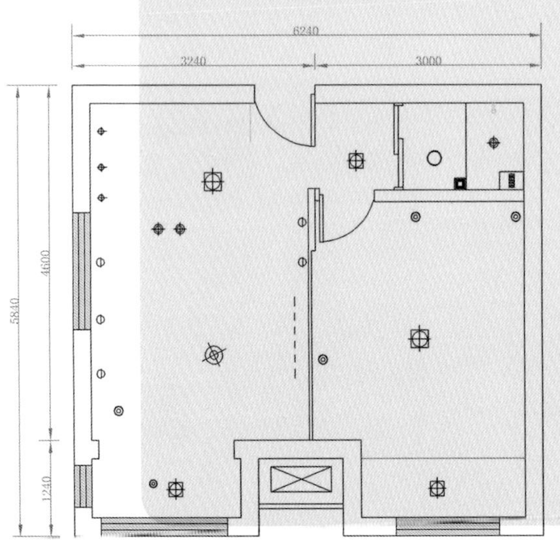

吸顶灯
台灯
吸顶防潮灯
吊灯
射灯
排气扇
浴霸
暗藏灯带

“木与白”是整个户型空间中的主要配色，也是这个空间想传达的一种自在的理念。生活在大都市狭小空间中的青年人，需要一个闲适的自我空间去放松自己。即使在小小的空间中也可以享受高品质的生活，过得舒适自在。大面积的浅色系给人以开阔的视觉感，浅色的原木纹使人在平静中体验到生活的内在美。空间在视觉上的开阔给人以内心世界的自由，同时也创造了小的独立空间，给人以不同的生活体验。多种形式的柜体设计结合形式美与功能美，达到了美观与实用性的统一。

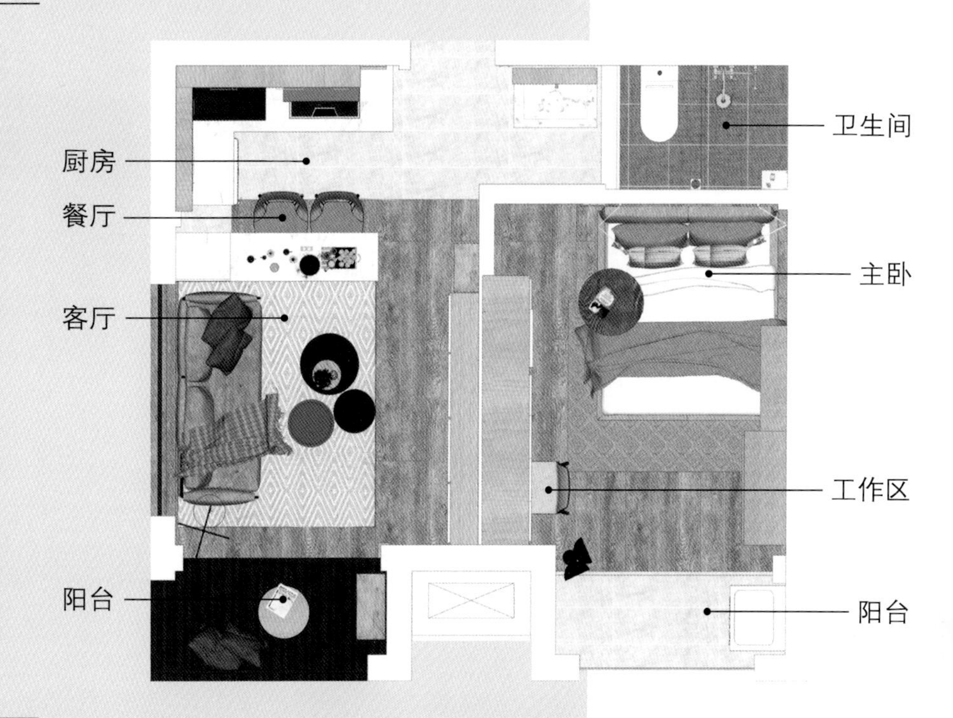

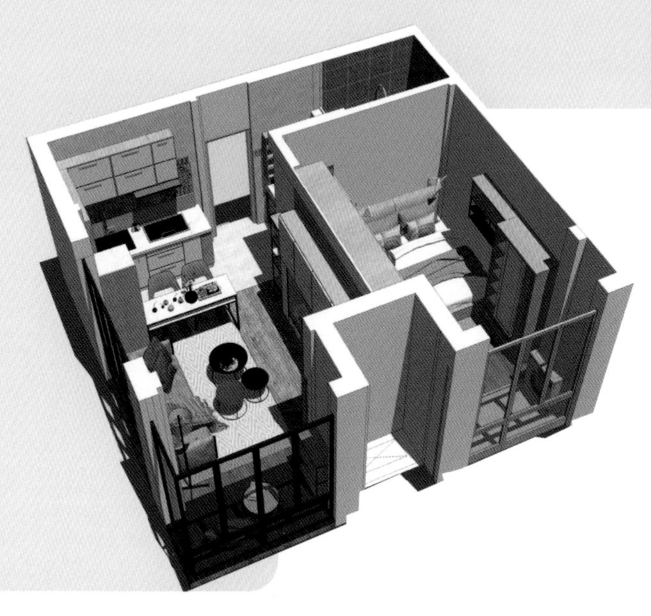

1 改造图 4 平面图
2 顶棚图 5 变动俯视图
3 模型图

餐厅

目标人群	空间的主人定位在一对踏入社会不久、事业刚起步的青年情侣。
男主人	陈霄，29岁，语言专业毕业，职业是一名双语翻译师，大学时期就喜爱中外文学类著作。热爱阅读，喜爱收藏各类文学著作，同时也对图书的保存十分谨慎，喜欢在业余时间创造一个安静的独处空间进行阅读。需要较大空间进行书籍的存放。
女主人	赵露，27岁，文学类专业毕业后从事出版社编辑工作，现在是一名作家。热爱写作和阅读，对生活有自己独特的见解，需要一个宁静闲适的空间进行自我创作。同时喜欢旅游，在外出游历的过程中寻找灵感、积累素材，喜欢记录自己的所见所闻，需要一些空间存放旅行用品等。
猫咪	咪咕，两岁半，黑白花纹奶牛猫。时而调皮，时而安静，喜欢玩毛线球，对一切充满好奇。
总体设计理念	由于是小户型，因此设计时应考虑到： 为改变小户型较拥挤的状态，将厨房、餐厅和客厅间的隔断做了开放的处理，使空间与空间的连接变得通透，使整个空间在视觉上给人宽敞、明亮的感觉，同时提高了空间的通风与采光率，使小户型的整个空间变得舒适开阔。 充分利用垂直空间，发挥其收纳功能，使其空间更具实用性，使空间的收纳整齐有序，将收纳柜代替墙体，外部可做装饰柜，内部可进行收纳，同时又是电视柜，兼具了美观性与功能性。 小户型虽然空间较小，但是同样可营造小的独立空间。

对原有平面的改动	户型并没有较大的变动，在原有的基础上对小空间进行改动。 打通客厅与阳台间的墙体，使空间连通，提高通风与采光。 打通卫生间的墙体，使空间变得整体。 主卧与客厅打通，以木质代替原有墙体，成为一面“可收纳”墙。
餐厅厨房部分	在原有基础上添加了就餐空间，使厨房与餐厅紧密结合，形成了一个开放的独立空间。 厨房上方采用了很多橱柜、推拉柜，大大提高了垂直空间的运用。 冰箱与橱柜一体化，方便使用且节省了空间。同时注意了厨房干湿分区的处理。 整个风格采用时尚简约的北欧风，采用浅木质与大理石材质，厨房立面采用了装饰性的陶瓷锦砖，独特且复古。铺装运用浅色瓷砖，整个空间富有特色且清新简约。 与餐桌连接的垂直的收纳空间。可放置日常生活用品，同时摆放绿植，除了日常的就餐，闲暇时刻可以喝下午茶，营造美好的生活氛围。

餐厅局部

餐厅与客厅开放

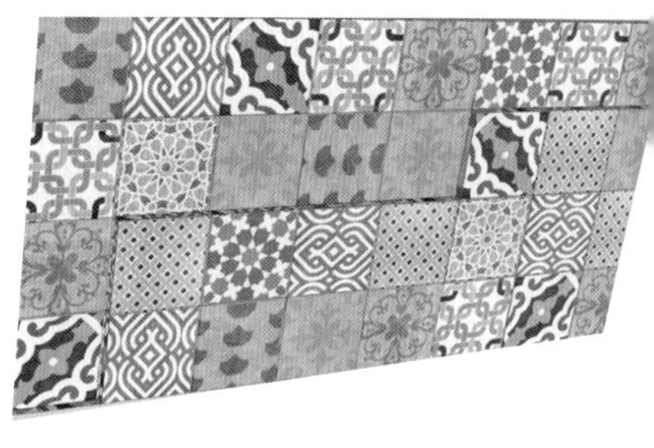

BEAUTY
delicacy
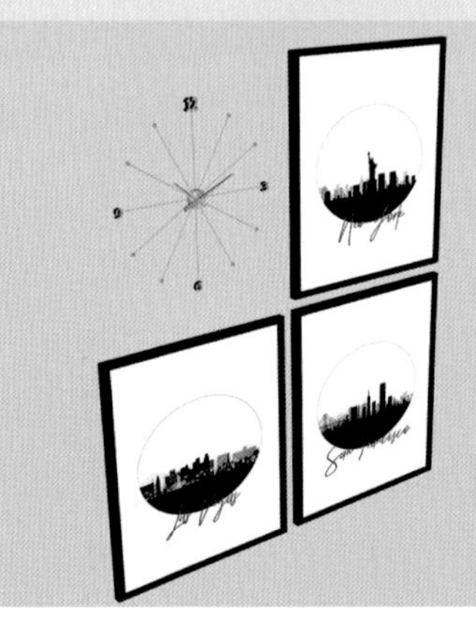

1	厨房	5	装饰画
2	厨房瓷砖	6	卫生间
3	卫生间1	7	起居室
4	厨房局部		

卫生间	将洗漱间与卫生间分隔开来，洗漱间是一个开放空间，紧密连接了卧室与客厅，利用率很高，方便使用。 采用浅木纹与白色大理石结合，并装饰绿植等，整体风格简约。 淋浴处的地面进行了抬高，因为其空间较小，方便水的流通。采用灰色瓷砖与装饰画，整体风格简洁大方，通过与深色的色调隔离，与其他空间进行区分，达到干湿分离。
起居室	起居室的功能除了会客、聚会等功能，还有客厅的装饰柜组合。装饰柜组合起到一个电视柜的功能，还可以作为收纳柜。装饰柜组合外观上采用白色与浅木纹结合，体现了时尚美观的简约风格，起到装饰作用。同时，将装饰柜组合设计成接近墙体尺寸，提高了其收纳功能，将柜体划分成大小不一的尺寸，对内部进行了合理划分，整齐有序，同时能满足不同尺寸物品的收纳。收纳柜下方做成了常用书籍的放置处，迎合了房主人热爱阅读的这一特点。同时在此处设置了暗藏灯带，到了晚上又是不同的视觉体验。 整个起居室同样采用了时尚简约的浅色系搭配，装饰柜组合旁边放置了装饰架与海报，沙发采用较深的色系，与后面的深色落地窗呼应。客厅采用大面积的落地窗，极大地提高了起居室的采光与通风，使整个起居室变得通透明亮。

1 阳台1
2 装饰
3 阳台局部1
4 阳台2
5 阳台局部2

阳台（与客厅相连）	阳台与客厅的墙面打通，使整个空间变得开阔明亮。阳台采用榻榻米的形式，用深色木质铺装加以区分，形成一个独立空间。阳台采用大面积的落地式玻璃，整个空间明亮。为房主人提供了一个独立的放松休憩的空间，可以在闲暇时光进行阅读、下午茶等。
阳台	将洗衣机放置在与卧室相连的阳台，方便洗衣服和晾晒，同时靠近卧室衣柜，方便取拿存放。采用浅色系木质与浅色大理石铺装，与卧室进行了干湿的区分。

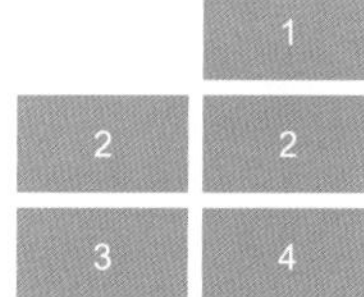

1 客厅局部
2 客厅
3 客厅单体
4 客厅和阳台墙打通

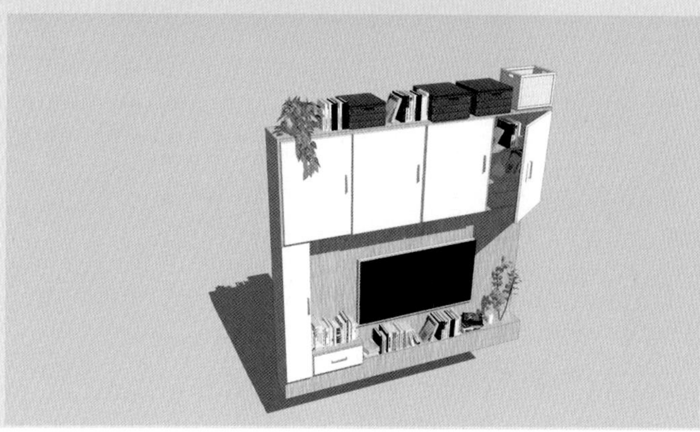

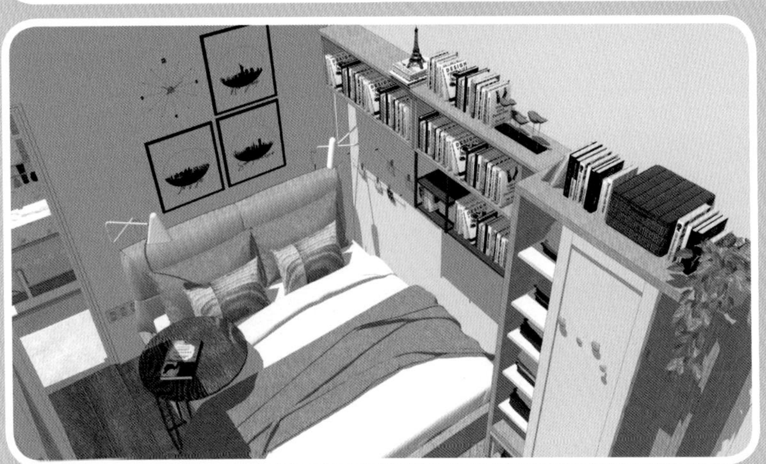

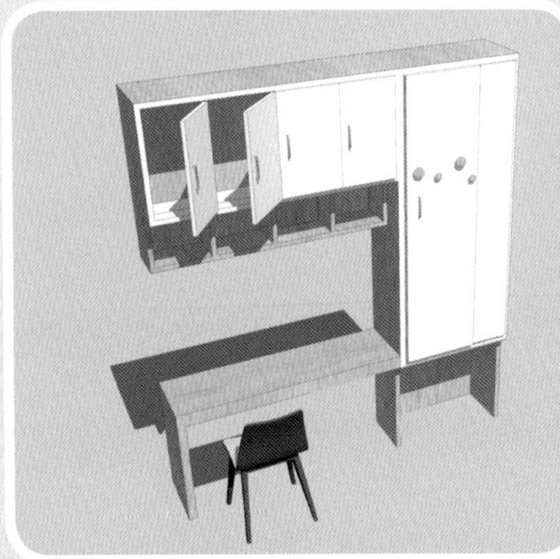

起居室	起居室分为休憩区域和工作区域，休憩区域采用衣柜和收纳书架的组合，充分利用墙面的空间，采用浅木材质营造出收纳书籍的空间，同时也起到装饰效果。卧室床边设置可伸缩的圆桌，方便房主人在卧室进行工作、阅读等。 考虑到房主人对工作空间和书籍收纳的需求，打通卧室与客厅的墙面，扩大了工作区域的空间。工作区域的收纳书柜有极大的收纳空间，可以收纳房主人的各种文学书籍、旅行用品以及不常用的生活杂物，同时也是一个工作用电脑桌。收纳柜内部也划分了不同空间，使收纳更加整齐有序，柜门设置圆形挂钩，墙面采用金属制地图装饰，独特且有趣味。

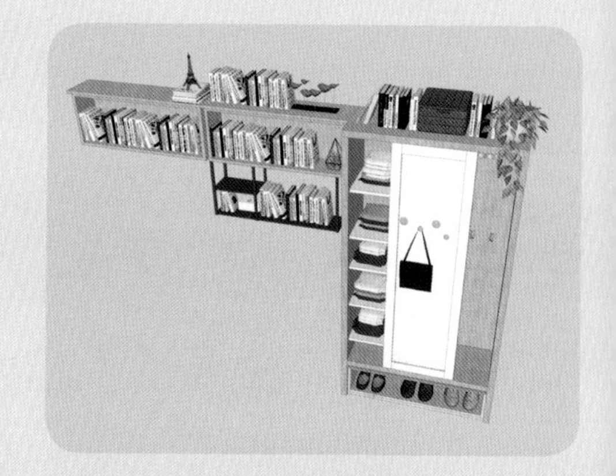

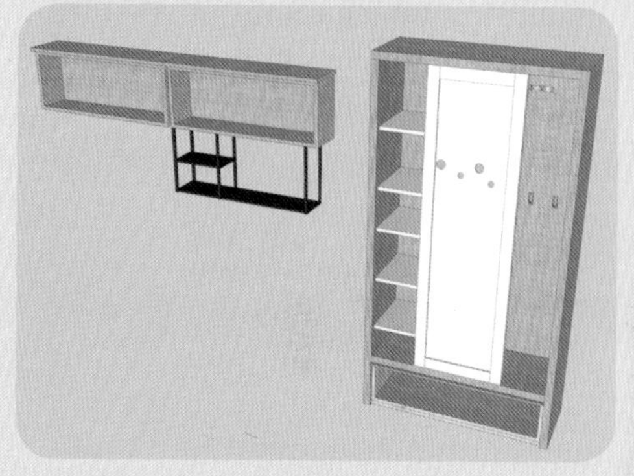

1 起居室局部　5 工作区
2 工作区单体1　6 起居室单体1
3 起居室局部2　7 起居室局部
4 工作区单体2　8 起居室单体2

千木居舍

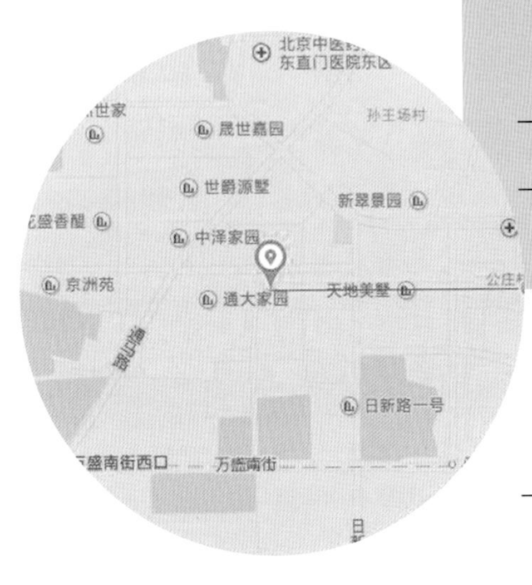

设计风格	简约小清新，北欧风格。
选址分析	交通：位于通州区九棵树附近，阿尔法社区。 金融：中国银行、农业银行、建设银行等。 医院：北京中医药大学东直门医院东区。 超市：富力桃园世纪华联超市、世纪华联超市等。 学校：小牛顿实验幼儿园、瑞丁国际幼儿园。 卖场：半壁店商业广场、星光广场等。

改造前

6000
3000 3000
厨房
卫生间
客厅
卧室
阳台
阳台
5600 4600 1000
4600 5600 1000
3000 3000
6000

改造后

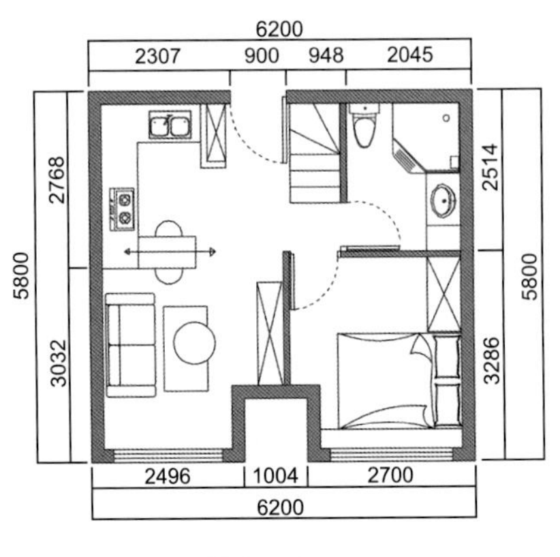

一层平面图1：100

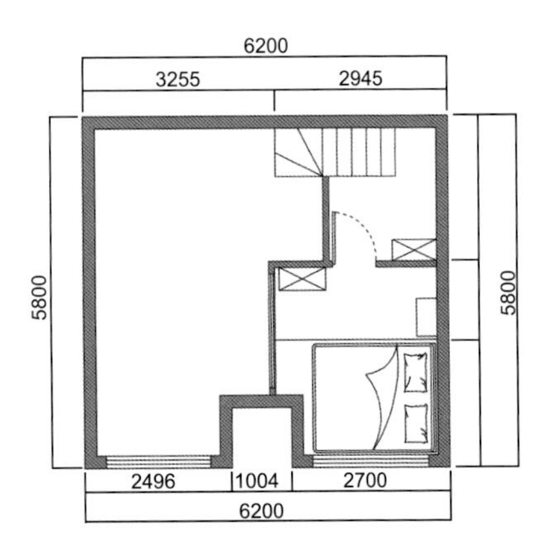

二层平面图1：100

目标人群	大学刚毕业不久，即将走上工作岗位的大学舍友。
时尚风格	女主人皮皮：25岁，从事室内设计工作，平时喜欢宅在家里，看看电影。喜欢收纳整理、打扫房间。女主人咩咩：24岁，公务员，美食爱好者，喜欢自己制作小吃零食。热爱瑜伽运动，注重个人养生。两人除去工作日外，都喜欢宅在家中，或者出门逛街。她们喜欢一起分享美食外卖，一起看电影，敷面膜。所以，她们需要有足够的交流空间，同时又要满足各自的私密空间，希望有自己独立的卧室。还需要充足的储纳空间，满足无处堆放的衣服，和杂七杂八的小东西。足够大的厨房，可以使两人共同制作美食。

瑜伽　电影　美食

1 区位分析图
2 平面图
3 轴测图

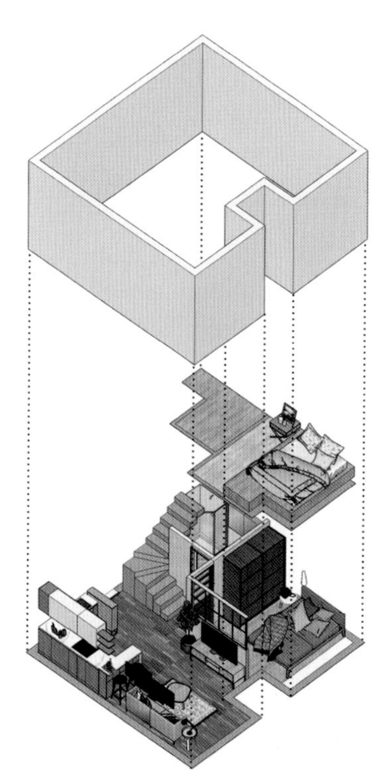

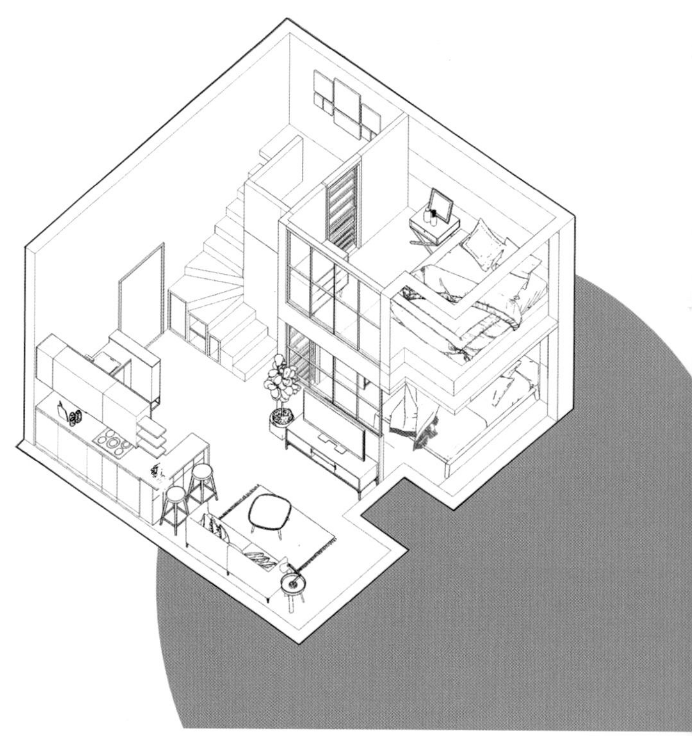

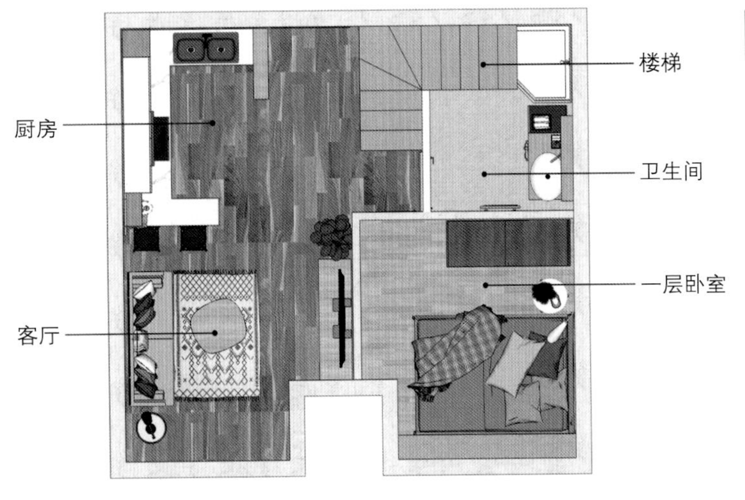

一层功能分区

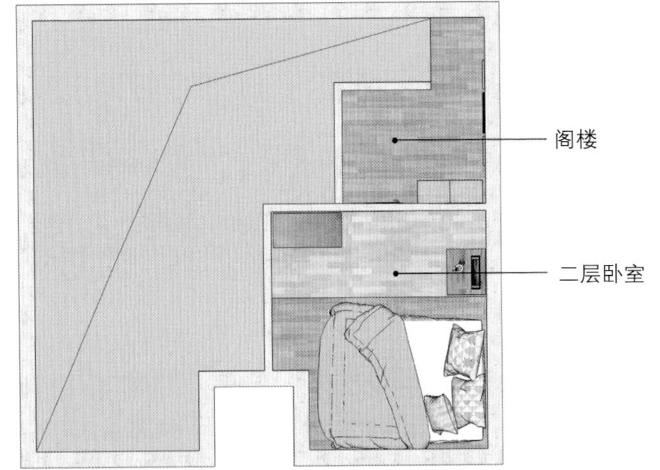

二层功能分区

西视线立面图

东视线立面图

客厅 布置了双人沙发，满足使用要求又不显拥挤。亮黄的圆形边几可以放置台灯手机等小物品，同时为空间增添了活力感。电视背景墙选用黑色铝框玻璃代替传统墙体作为隔断，增加了小空间内的通透感，也利于主人在不同空间内进行沟通交流。

1 功能分区图
2 立面图
3 客厅

厨房	厨房是一个开敞型的U字形设计，兼具了餐桌的功能，可以同时满足制作和品尝两个功能。橱柜分为吊柜和矮柜两个部分。吊柜开闭结合，方便拿取常用的物品，且可以起到隐藏抽油烟机的作用，保证了厨房空间的美观整洁。操作台面按照做饭的操作顺序，依次排布为清洗区、切菜区和制作区。
一层卧室	一层卧室选用了细脚木质的床体，使空间不会过于压抑拥挤。高耸的衣柜满足了女生储物的要求。色彩搭配简单明亮，打造了一个舒适的睡眠空间。两面墙体上的窗户满足了空间的通透性和采光要求。
二层卧室	二层卧室床体选用了榻榻米的形式，上面放床垫，下面兼具了储物的功能。整体上简约又不失简单，满足了对卧室的基本需求。

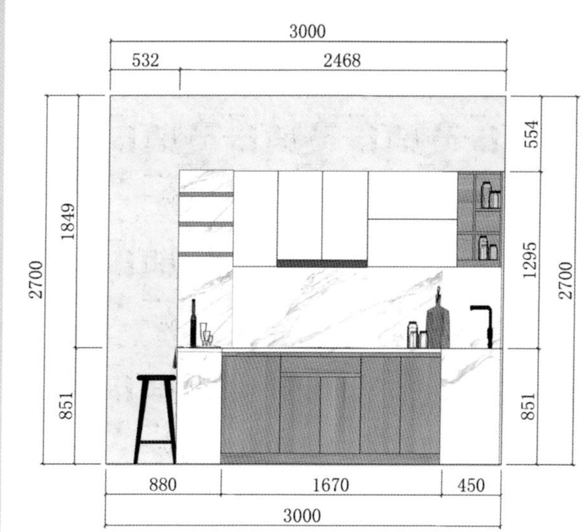

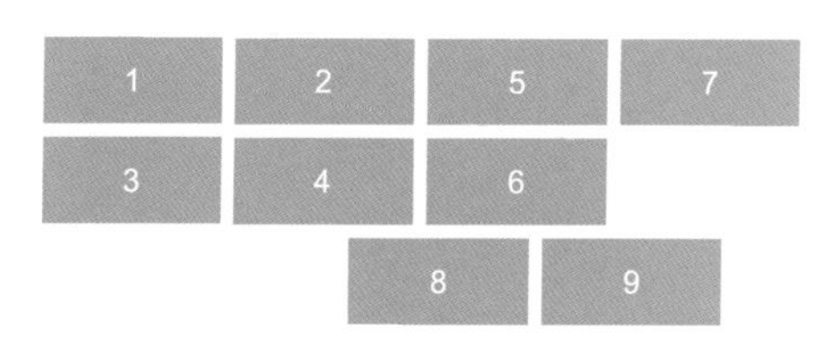

1 厨房
2 厨房轴测
3 卧室局部1
4 卧室局部2
5 二楼卧室1
6 二楼卧室2
7 厨房立面
8 一层卧室
9 二层卧室局部

楼梯间	楼梯间被设计成一个带转角的L形楼梯，位置处在卫生间旁，选用了木质的地板材质，与整体的设计风格相符合。楼梯同时兼具了储物的功能，可以放置一些物品和摆设，美观且实用。
卫生间	卫生间位于楼梯间旁，主要设置了墙排马桶、淋浴房和盥洗池，墙面上的镜子可以打开，内有隔板，可以放置一些洗漱和化妆用品，满足了卫生间的储物功能。

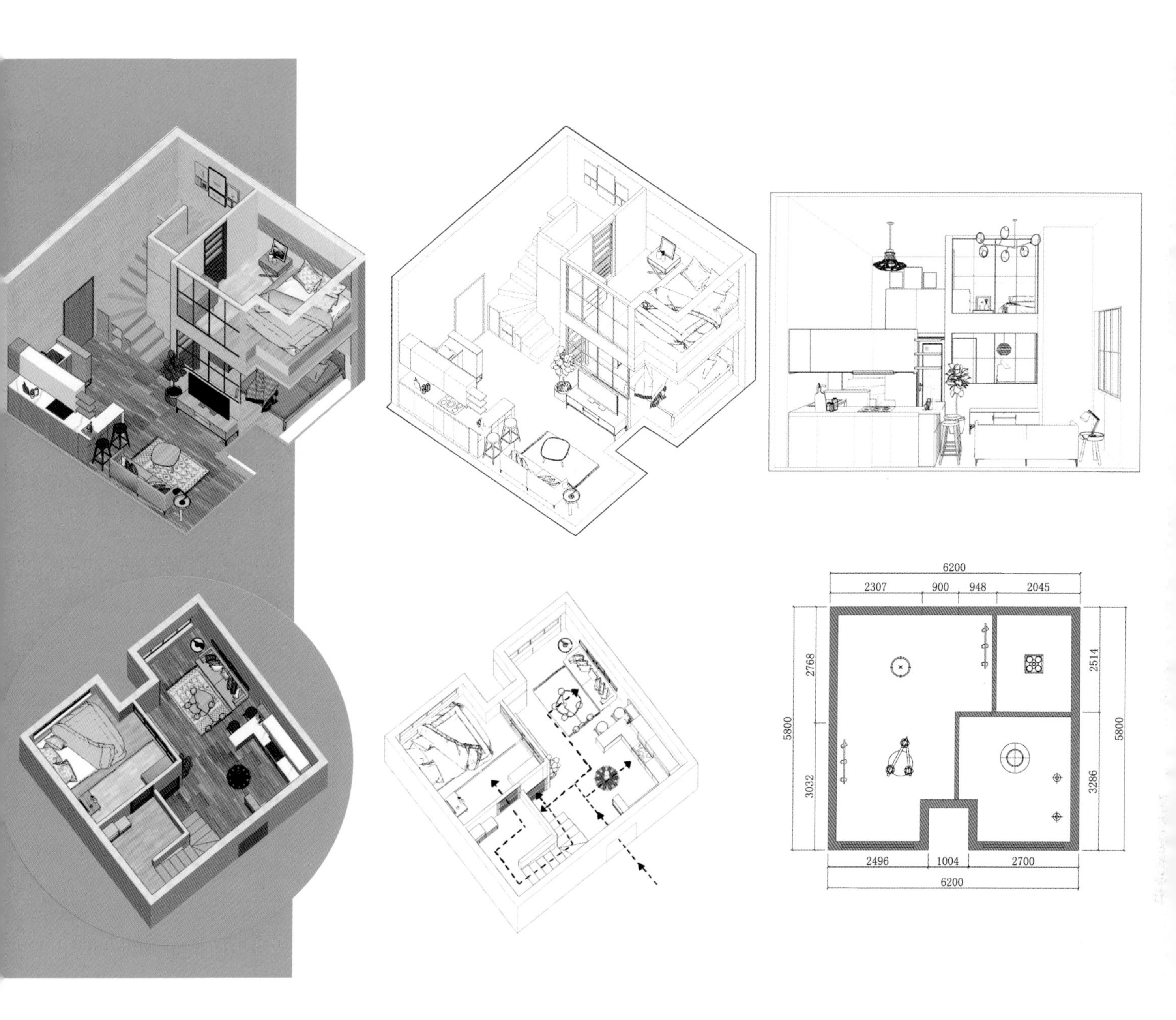

1	2	5	6	7
3	4	8		9

1 卫生间1
2 楼梯处
3 卫生间2
4 收纳楼梯
5 轴测图
6 轴测图
7 剖视图
8 交通流线图
9 灯光布局图

人宠花舍34m²小户型改造

选址

位于北四环和北五环之间的望京区域，周围交通便利，基础设施完善。

设计说明

1.小空间、大利用

由于空间较小，需要足够的储物空间保证主人及宠物的使用需求。

业主为居住在大城市的新婚夫妇，短时间内不会要孩子，但偶尔亲朋好友会前来拜访，需要空余床位。

2.宠物+健身

男女主人公有健身（跑步、瑜伽等）的日常需求，而且宠物们生性活泼。因此，需要宽敞的空地。

3.养花+品茶+看书+办公+观影

针对男女主人不同的日常需求和采光要求，进行功能划分。

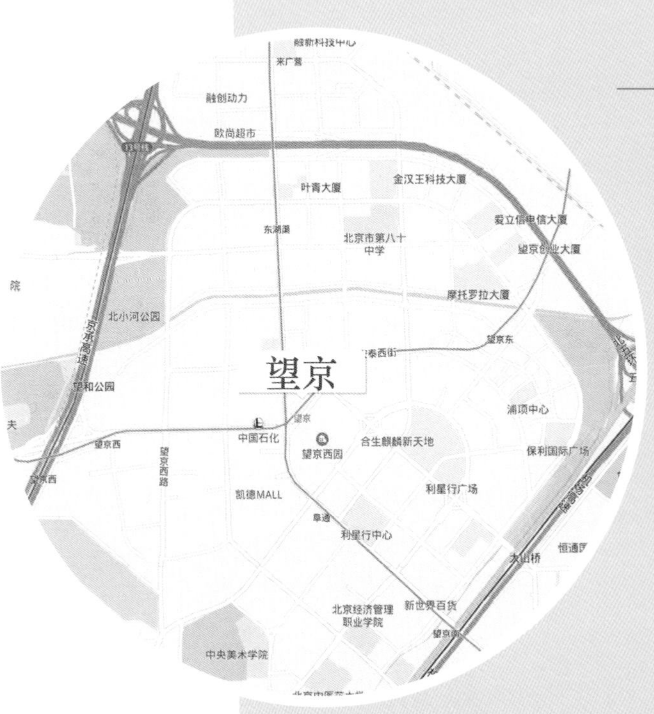

1 选址
2 原始平面图
3 改造平面图

男主人	工业设计师（日常：健身、看电影、遛狗）。
女主人	插画花艺师（日常：做饭、养花、撸猫）。
柴犬	活泼、聪明、好动。
橘猫	爱晒太阳、黏人、微胖。

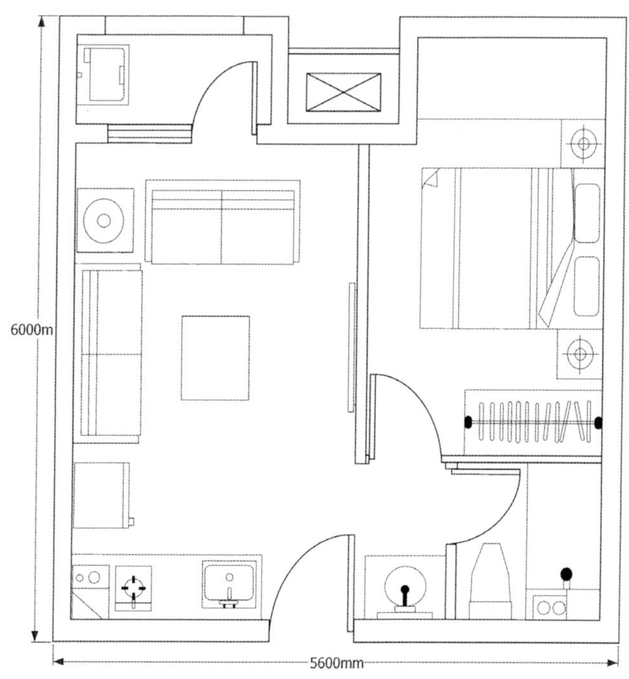

原始平面图：设计中规中矩，难以满足业主及其宠物们的日常需求

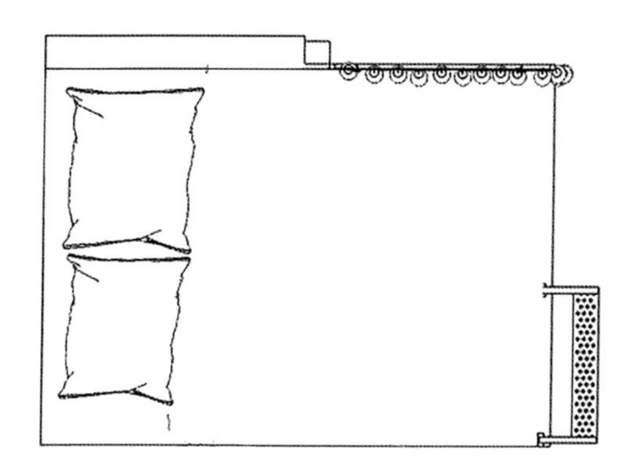

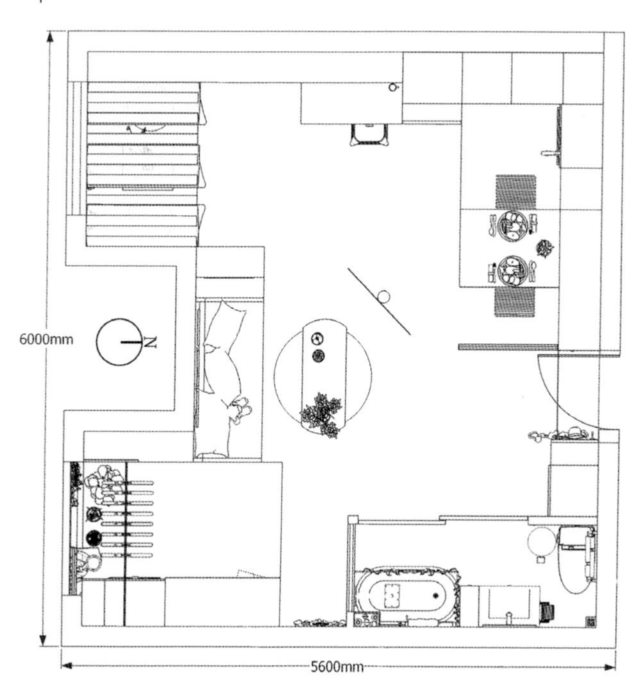

改造平面图：将轻质隔墙拆除，改为玻璃隔断。设计为一开间，整体空间宽敞明亮，储物空间充足

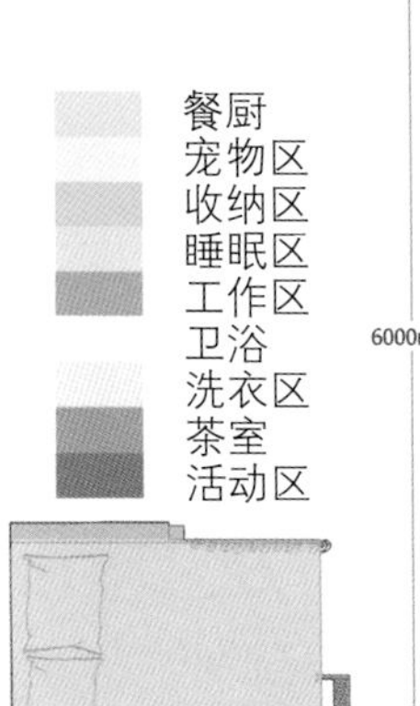

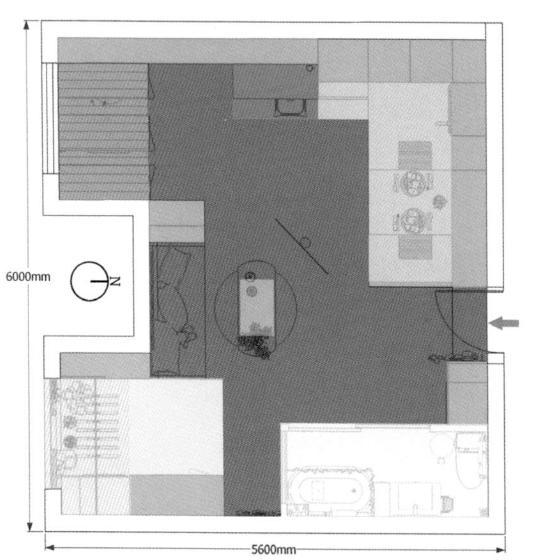

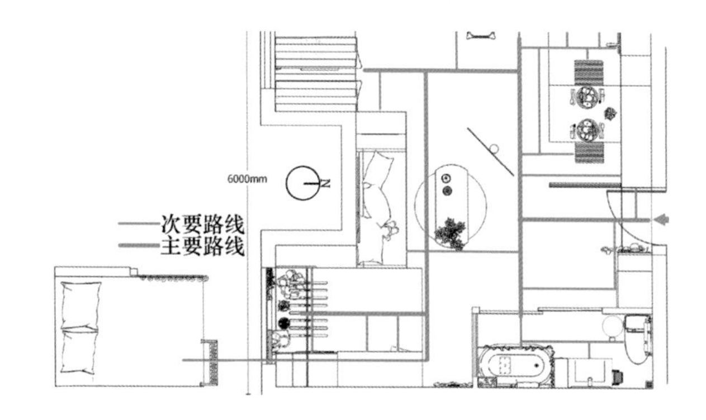

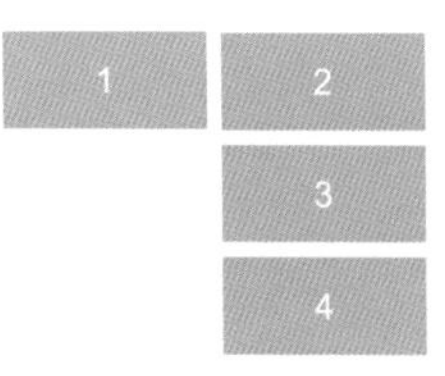

1 功能分区图
2 线路分析图
3 南立面图
4 A-A'剖立面图

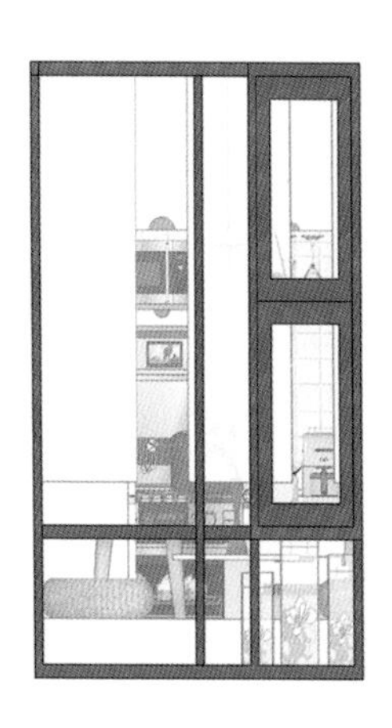

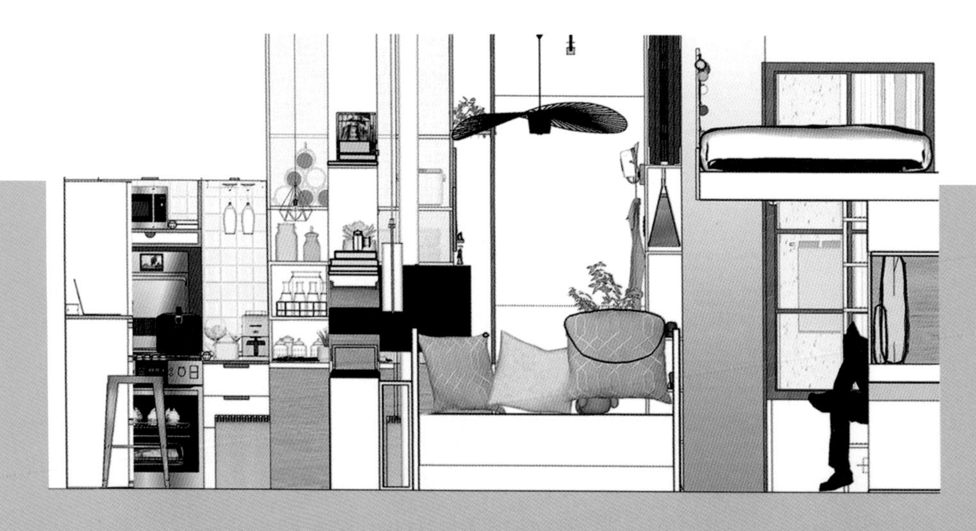

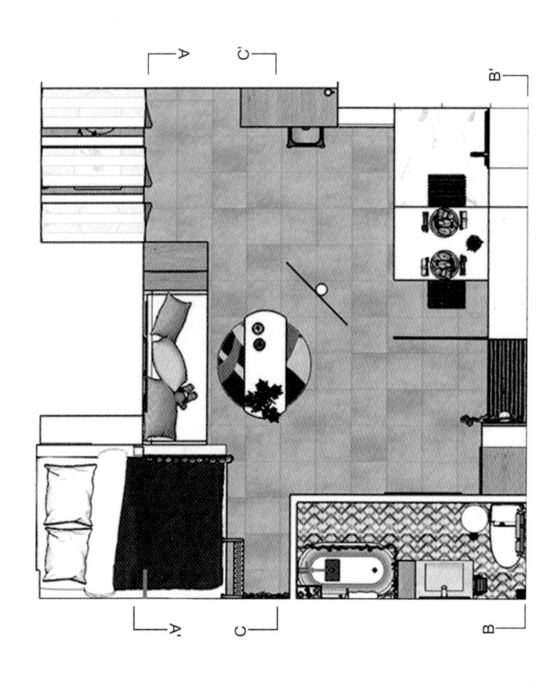

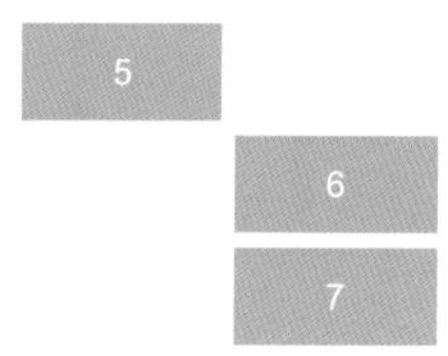

5 平面图

6 B-B'剖立面图

7 C-C'剖立面图

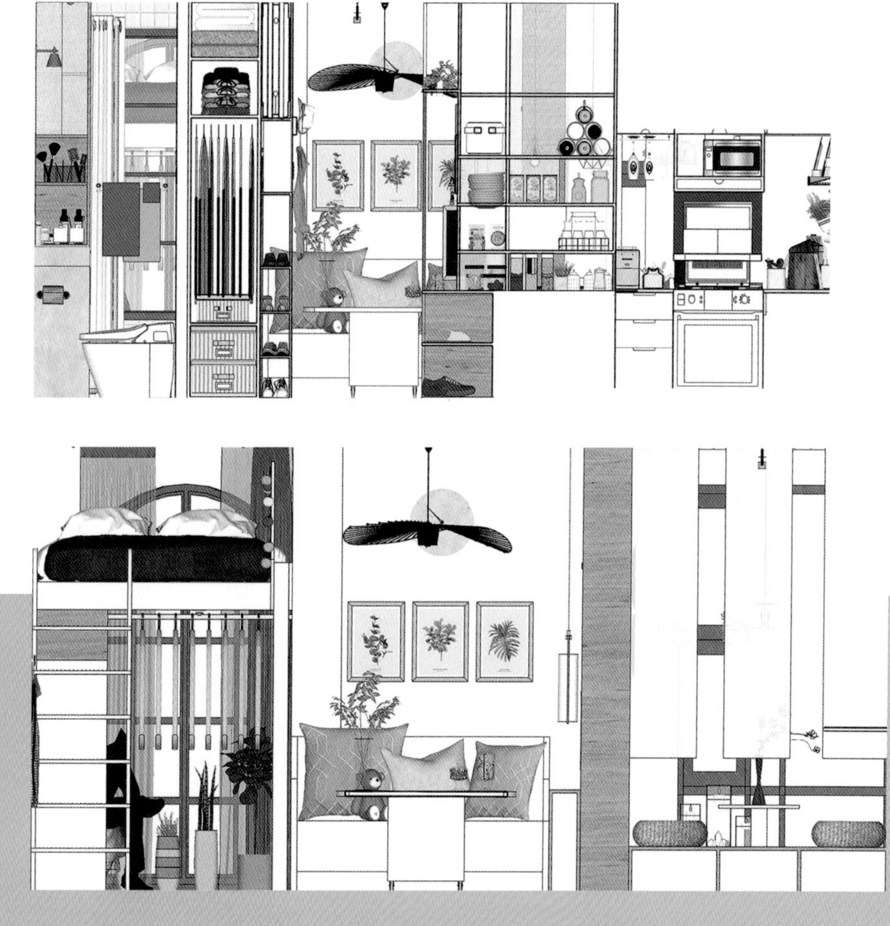

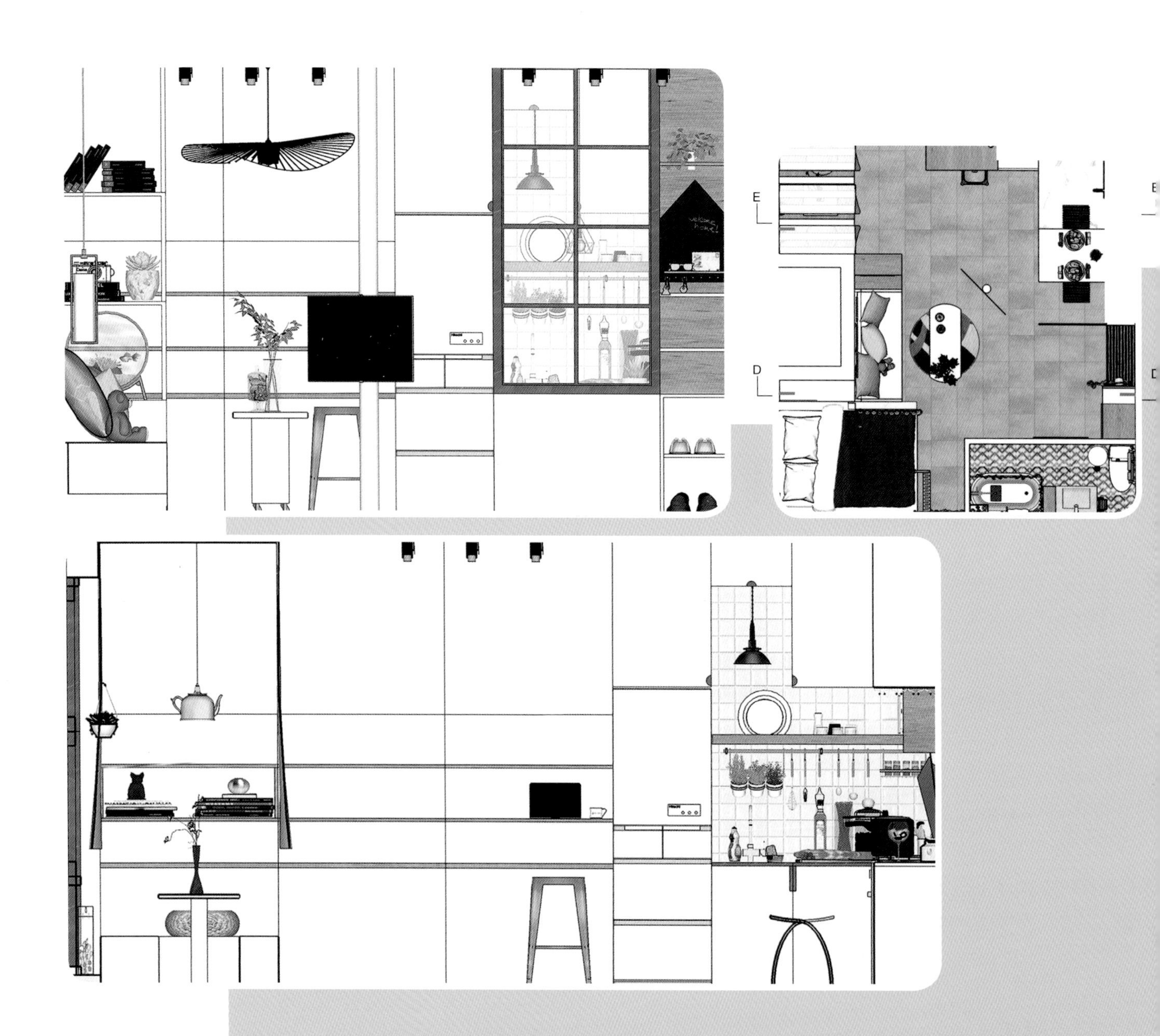

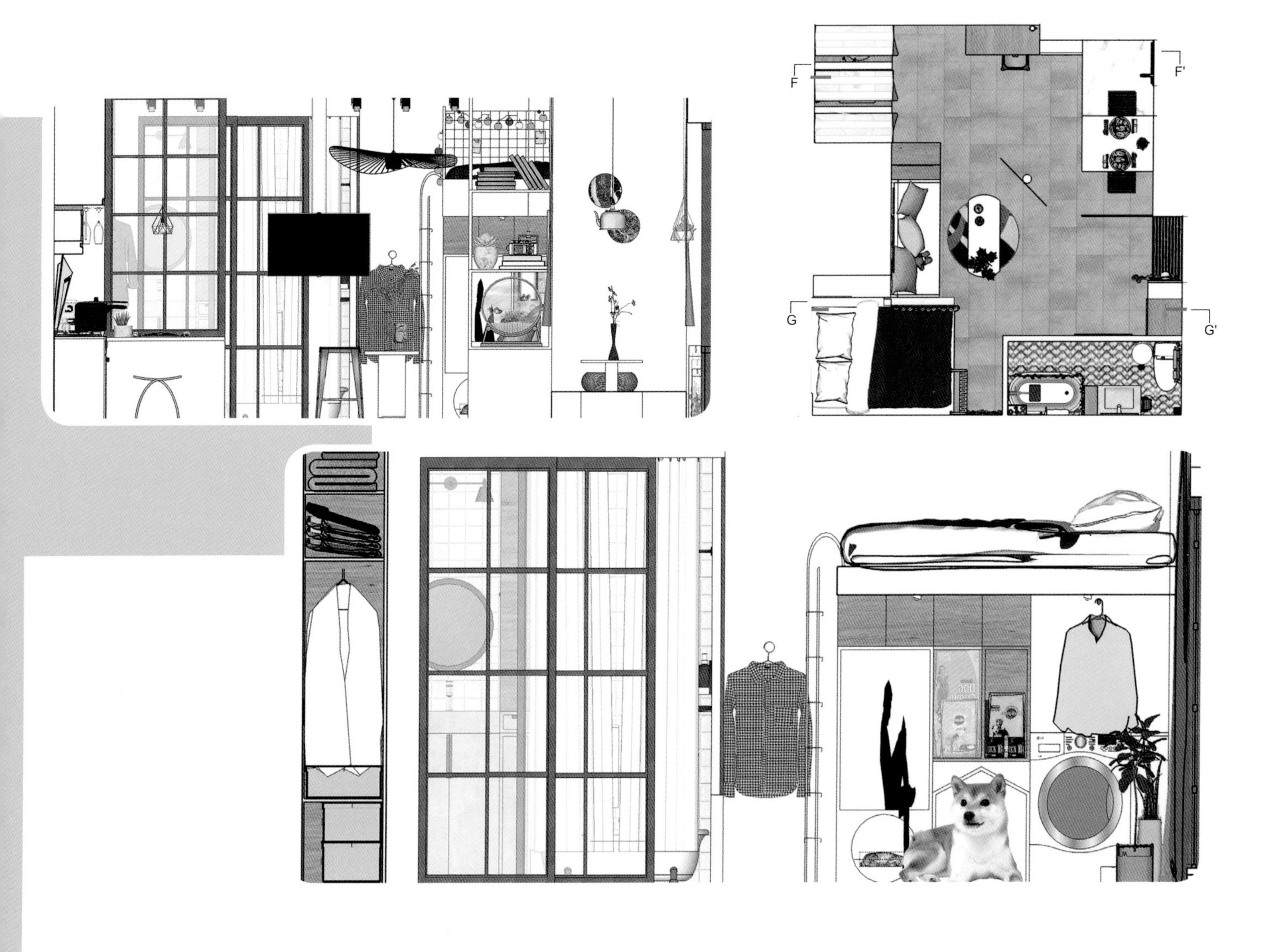

1 D-D'剖立面图
2 D-D'、E-E'剖切点平面图
3 E-E'剖立面图
4 F-F'剖立面图
5 F-F'、G-G'剖切点平面图
6 G-G'剖立面图

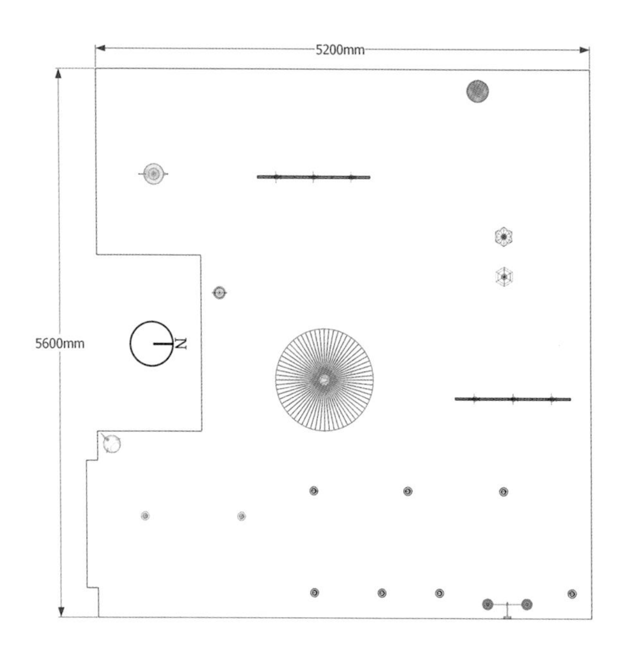
5200mm
5600mm
N

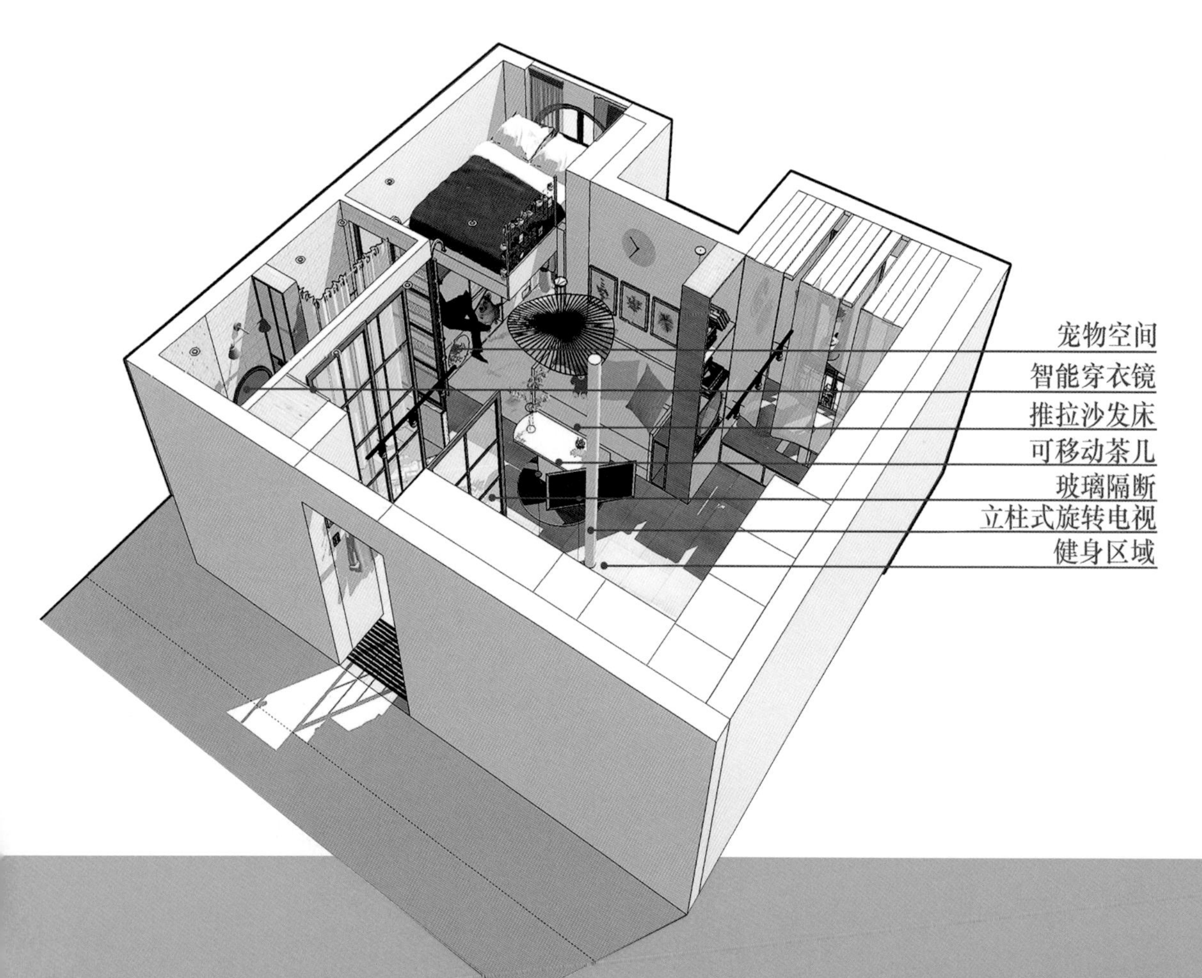
宠物空间
智能穿衣镜
推拉沙发床
可移动茶几
玻璃隔断
立柱式旋转电视
健身区域

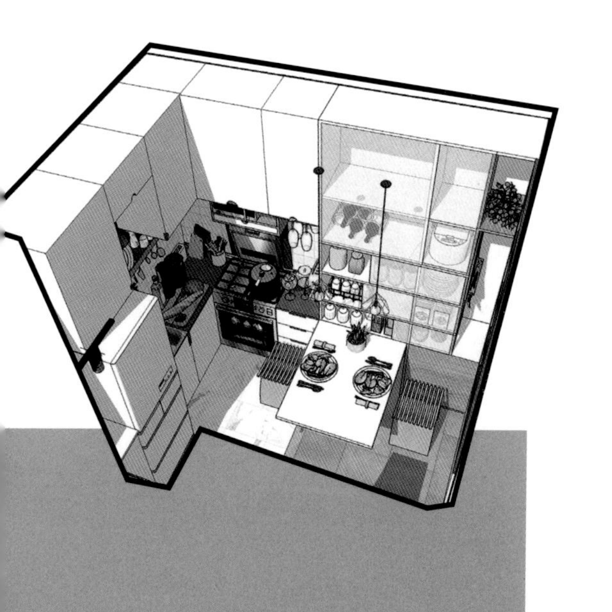

1 顶棚 3 门厅
2 轴测图 4 活动区
5 厨房

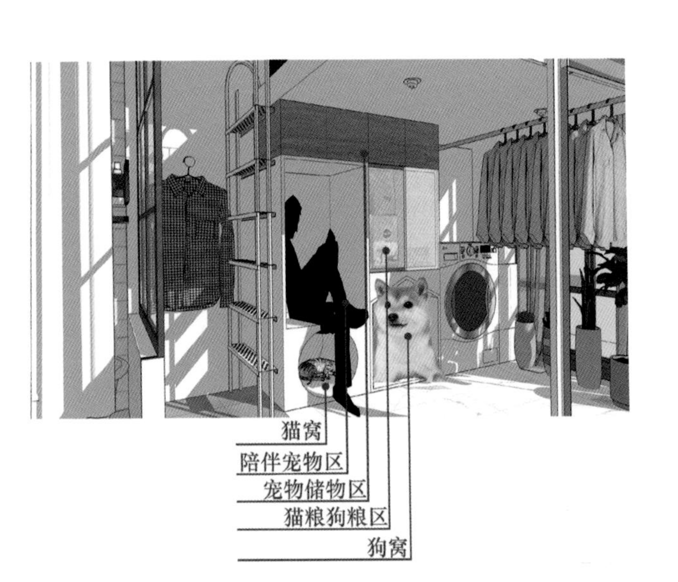

1
2
3

1　餐厅
2　厨房
3　宠物区

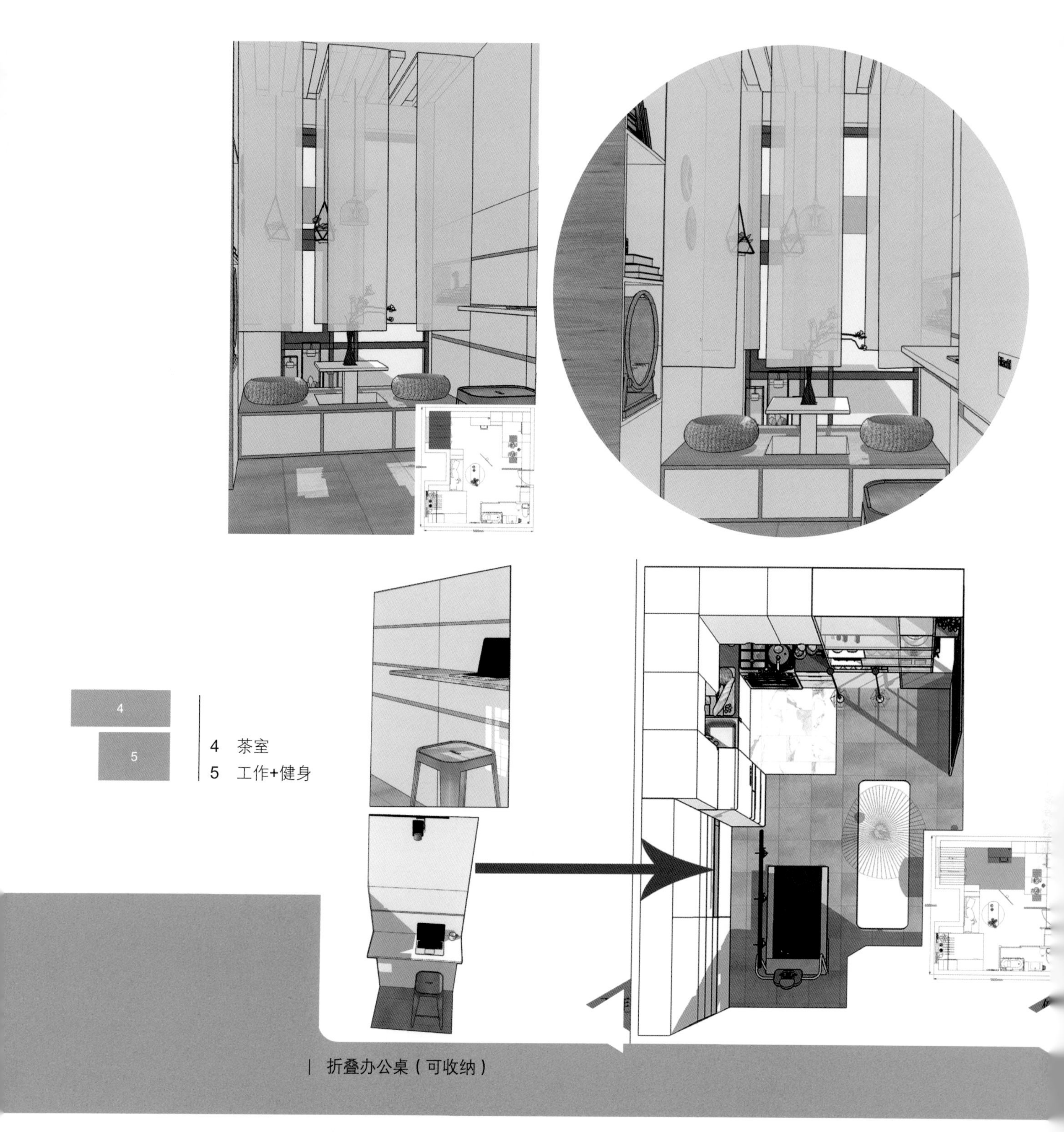

| 折叠办公桌（可收纳）

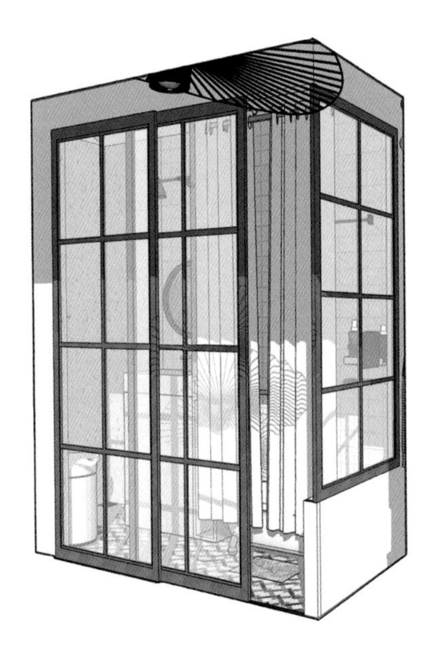

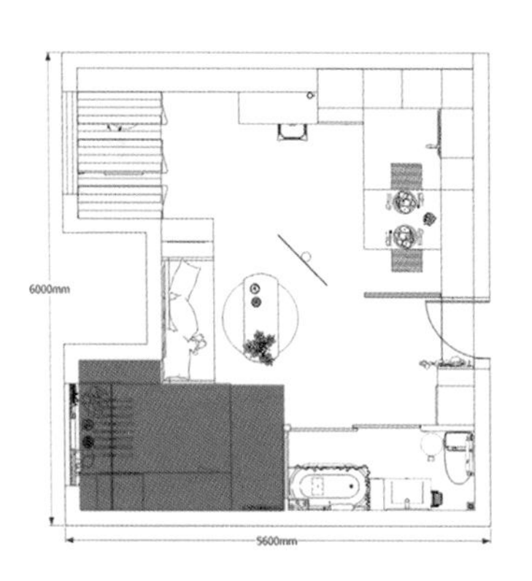

6000mm
5600mm

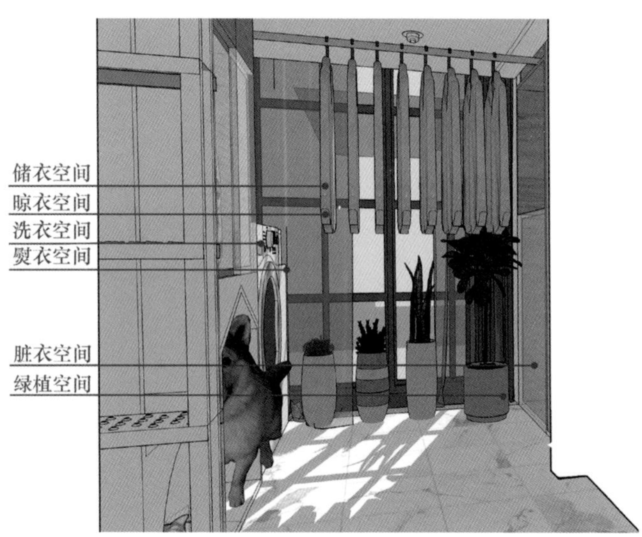

储衣空间
晾衣空间
洗衣空间
熨衣空间
脏衣空间
绿植空间

卫生间
收纳空间
透明玻璃隔断
智能化妆镜

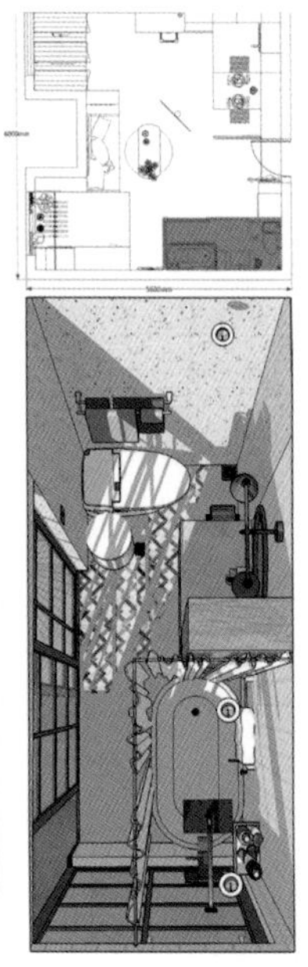

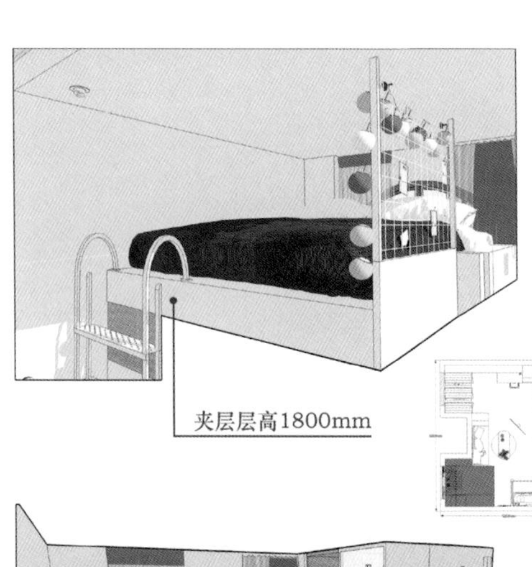

夹层层高1800mm

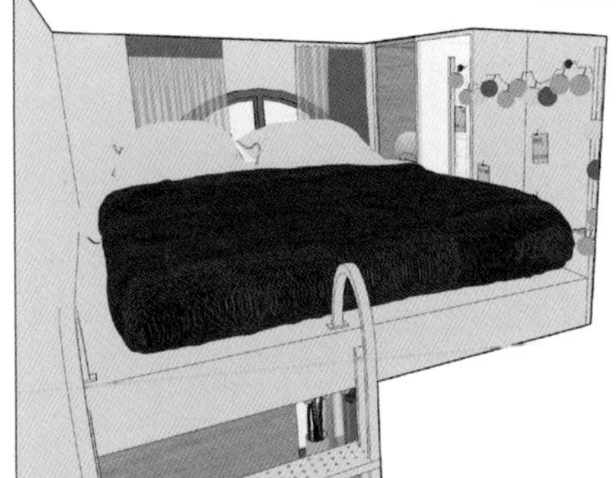

氛围

造型上运用了拱形门窗及玻璃隔断，整体空间通透明亮、营造出一种质朴、舒适、自然的居室氛围。

材质

材质多选用玻璃、石材、水泥砖、木材等材料。

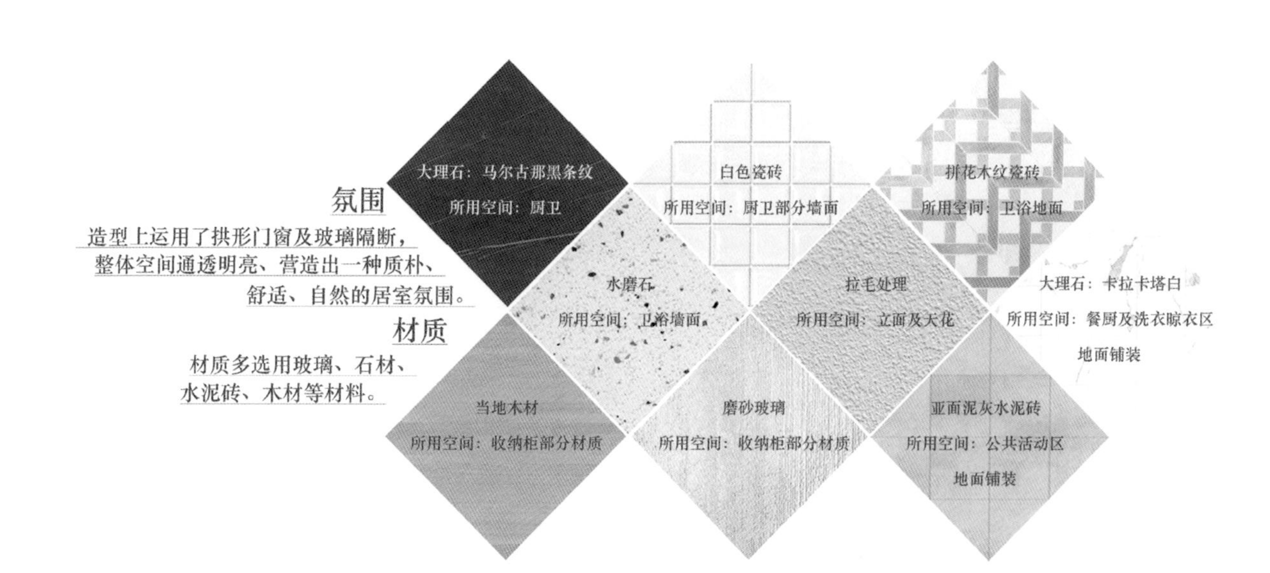

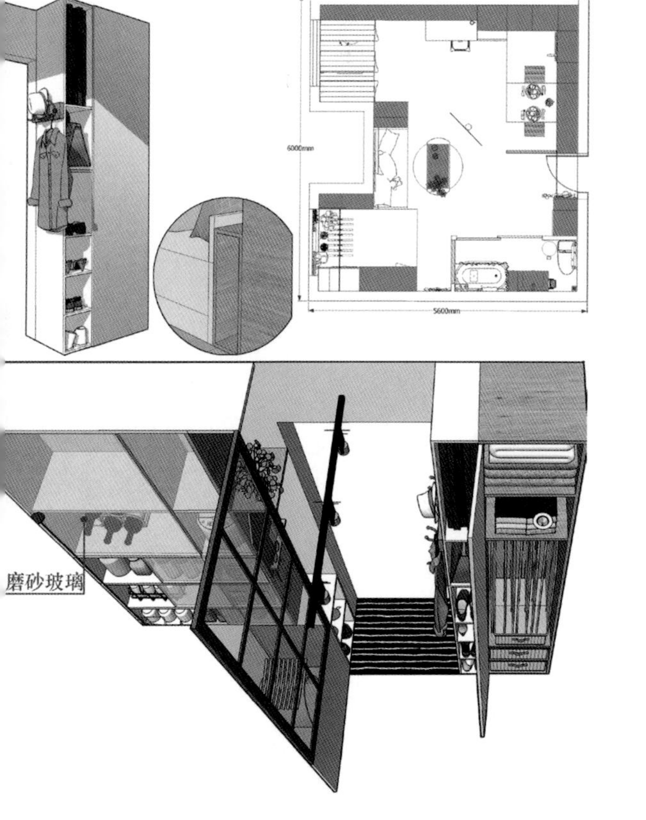

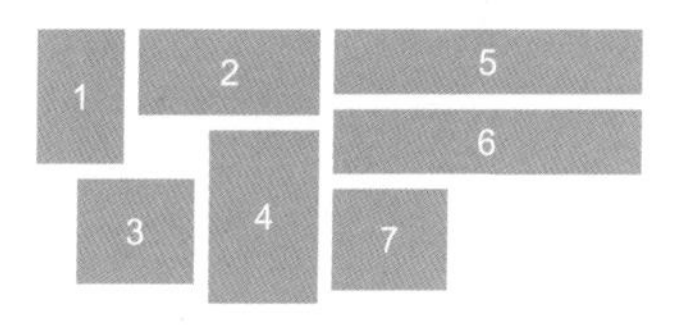

1 卫生间浴室1 5 植物分析
2 洗衣晾衣区 6 材料分析
3 卫生间浴室2 7 收纳空间
4 睡眠区

寻找麦田

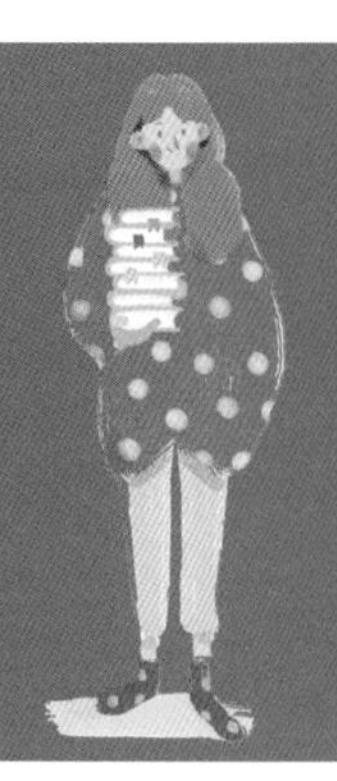

设计的风格	简约、人性化、多功能性的现代北欧风格。
适合人群	向往简单、舒适的家庭，在都市中寻找温暖的年轻人。

由于设计的空间非常狭小，设计师想到了“麦田”这一主题。我们在麦田中穿梭时虽然感受到麦穗之间的空隙很小，但是在不断地挖掘的过程中却总有额外狭小的空间被发现，麦子温暖的色彩也符合业主对于空间舒适度的追求。在狭小空间中不断寻觅储物空间，就像在麦田中穿梭，用手拨开一簇麦穗，得到一个新的狭小空间，而这些就可以通过空间内的各种变换达到。此空间的出发点正是在狭小空间中通过增加空间的多样性与功能性来使原本狭小的空间被完全利用起来。比如将一些原本废弃的空间利用起来作为储存空间，利用推拉、伸缩等形式对空间整体的功能进行改变，从而满足另一种功能需求，这些不但能使得空间更加的丰富，还使其变得有趣起来。同时，由于面积较小，室内整体风格也较为简约、实用，减少不必要的装饰，主要通过色彩和灯光的搭配来体现“麦田”这一主题。

1

2

1 色彩搭配
2 对原有平面的改动：原平面图+现平面图

目标人群	此空间的主人定位在单身青年。
女主人	24岁，刚毕业，单身，北京某设计公司实习生。工作压力大，爱好看书，看电影，睡觉。月收入5000元左右。平时休息日喜欢睡觉或者看电影，希望在家里能处于一种放松的状态，喜欢简单、实际的生活，喜欢购物，又不太会收拾物品，因此希望有足够的储物空间。此外，由于事业刚起步，资金不算充裕，因此希望室内空间能够在满足功能的基础上追求美观和舒适。偶尔父母或者朋友会来家中留宿或聚会，在空间上也需要满足这些需求。

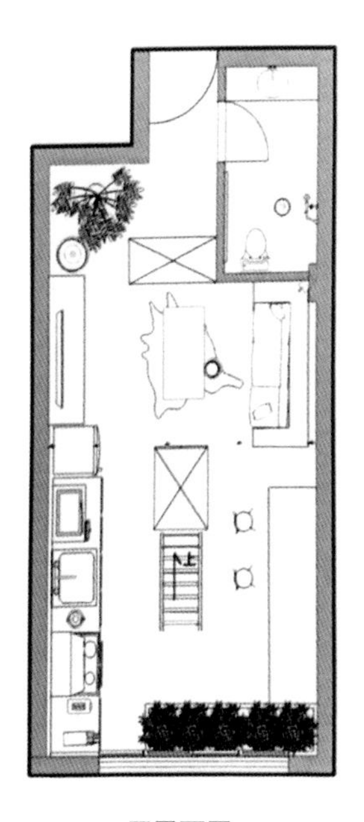

原平面图

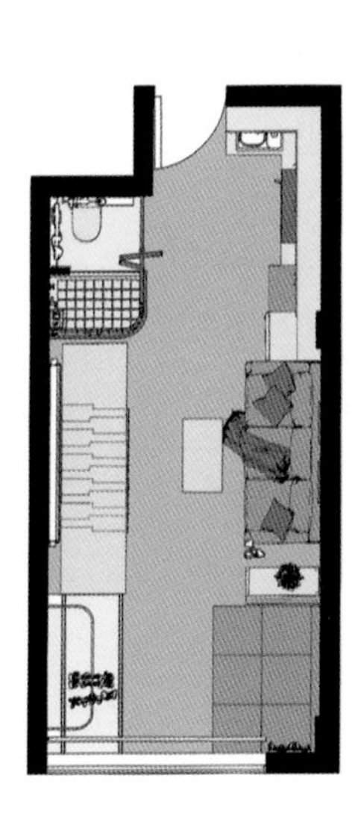

一层平面图

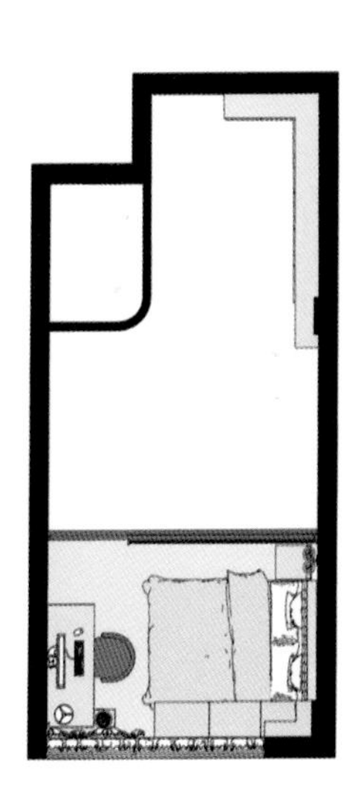

二层平面图

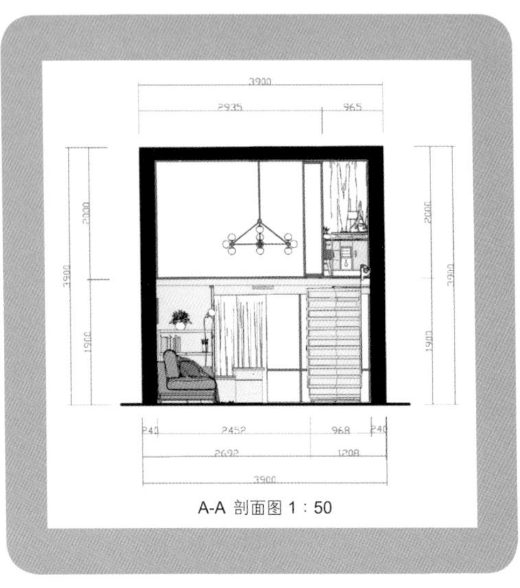
A-A 剖面图 1：50

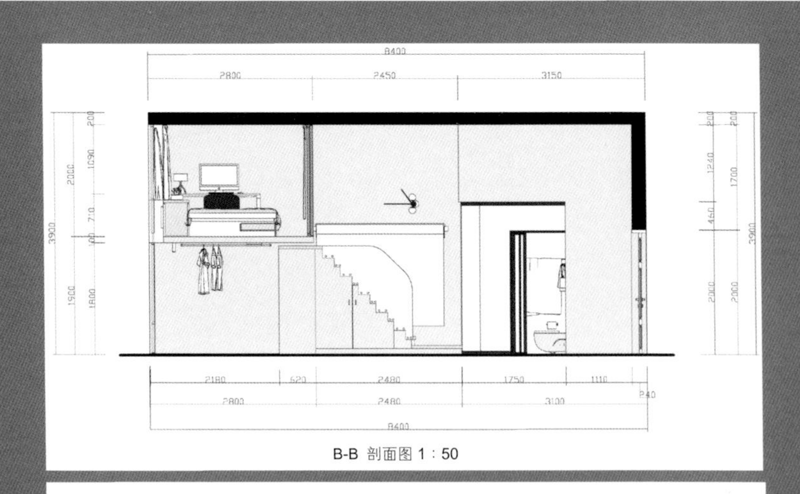
B-B 剖面图 1：50

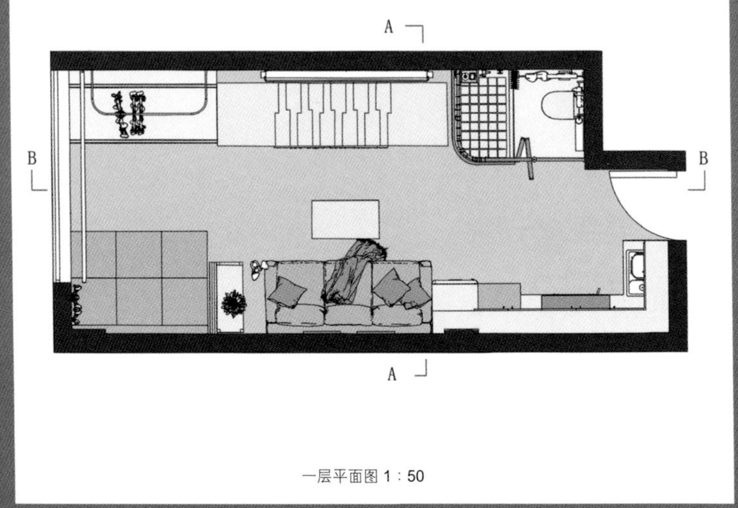
一层平面图 1：50

| 门厅

门厅

由于入口部分空间窄长，因此将门厅部分与厨房结合在一起。将鞋柜外部涂刷成白色，隐藏在橱柜下面，印证着寻找麦田的主题。室内的储存空间大多都藏在暗处，而寻找到鞋柜后，打开则仿佛拨开一片麦穗。鞋柜的里面刷成了浅黄色，与外部为了隐藏而涂的白色形成对比，从而增添了乐趣。

鞋柜仅16cm的厚度，因为考虑到橱柜占用的地面面积有限，同样也需要保证厨房用品的储存空间，因此尽可能地减少鞋柜对橱柜的占用，从而设计了一款斜着放鞋子的鞋柜。因为室内空间地面面积非常小，所以要尽可能减少利用地面面积，多利用高度来增加储存空间。

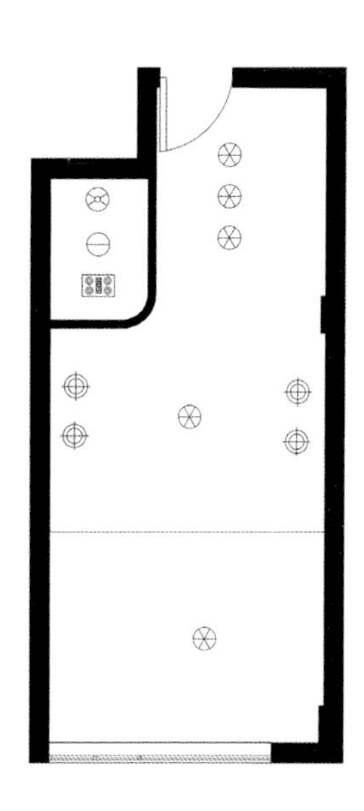

筒灯
吊灯
吸顶灯
排气扇
浴霸

5 顶棚
6 餐厅
7 厨房

厨房　厨房的整体颜色比较洁净，因为正好是在入口处，所以用白色能让人很快地进入平和、冷静的状态，也增强了空间的设计感。干净的颜色能够使业主更愉快地做饭。白色也象征着在麦田里穿梭时偶然射入的一道刺眼的阳光，能够给人不一样的感受。墙面采用了麦穗色与白色的结合，整体颜色比较浅，能够在视觉上增大空间的面积，橱柜的白色与墙面的白色仿佛融为一体，乍一眼感受不到这个区域的存在。与橱柜结合，设计了一个能够盛放简单食物的小桌板，不用的时候合起来依旧是橱柜台面的一部分，另外也可以当作包饺子等的手操台，而台面下方的区域正好可以存放椅子。

客厅、衣帽间、聚餐场所	客厅整体采用的颜色也都从稻穗中提取，同时为了凸显空间高度的优势，将顶棚墙线进行了装饰，也使空间增强了现代感，长长短短的竖线也象征着麦田里摇摇晃晃的麦秆，等待着我们去穿梭、去探索。 因为业主平时工作压力比较大，所以在客厅放了一些绿植和书籍，使她在休息日能够远离烦恼，拥有一个宁静的小空间。 客厅部分还有一个上二楼空间的台阶，考虑到安全性，在楼梯的两侧都设置了亚克力材质的扶手，有辅助性功能，但是也不会影响整个空间的通透性。为了节省空间，楼梯踏步也进行了处理。 台阶下面也是可利用的空间，将它作为了衣帽间的区域，较长的空间可以存放一些比较长的衣物，较矮的部分可以存放一些折叠衣物。同样，衣帽间的内部表面是暖黄色的涂料，是业主寻觅到的储存空间，同时，在客厅与阳台之间有三扇可移动的门，其中一扇拉出来后可当镜子使用，方便业主试衣。 客厅可演化的三个功能区域： 1.普通客厅，在茶几下有放凳子的空间。 2.楼梯设有轨道，将其推开，可放映电影，有投影幕布。 3.茶几可升降，可作为聚餐区域。

卧室、书房

卧室被设计成了一片麦田。将地面涂刷成这种麦穗的颜色，使业主能够在这里很好地放松自己。由于业主平日里喜欢睡觉，因此将卧室放置在了窗边，使阳光能够最大程度上照射进来，像洒在一片麦田上，暖洋洋的。

在床的另一侧，放置了一张书桌作为业主的书房区域，为了更大程度地节省空间，将书桌摆放成L形，这既不影响书桌的使用，还多了一侧存放文件的空间，如果觉得不好取物，可以将整张书桌拉平，就很方便取拿了。

小户型最主要的就是要解决它的收纳问题。因为，人可以一直在很小的空间待着，但是时间长了，东西会越来越多。而且不归纳好每种物品的存放区域，很容易因为零乱而没有生活乐趣。因此，在卧室空间也构思了很多关于收纳的设计。

比如床下的抽屉，由于床头柜的可移动性，就不需要担心靠近墙面的一侧无法设置抽屉了。床边的台面下面也可以存放一些被子之类的物品，台面上可以存放闹钟等。

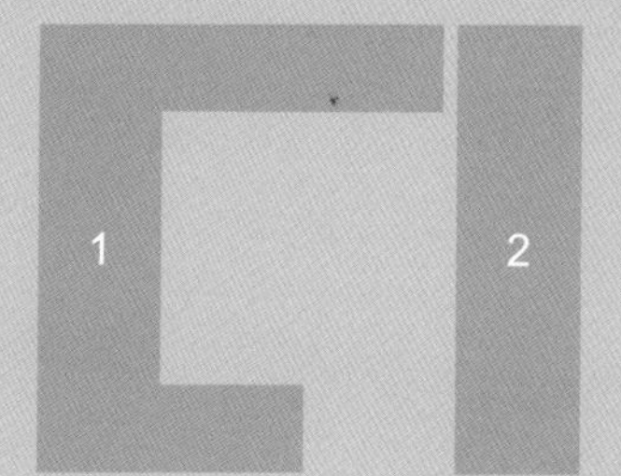

1　起居室　2　主卧和书房

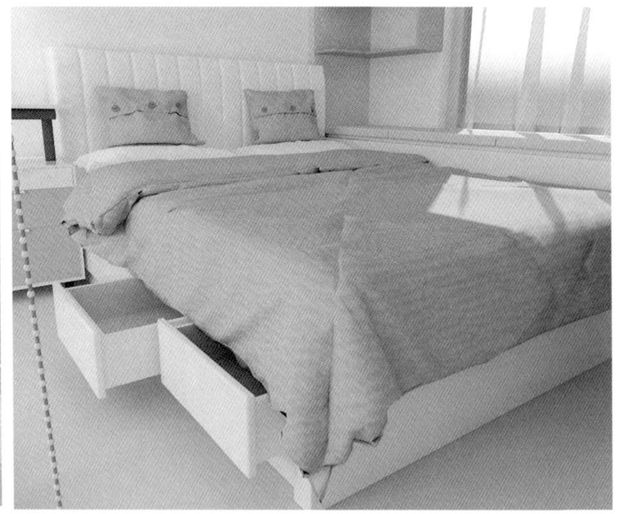

卧室、书房

在小户型空间，家具的灵活性、多功能性很重要，如果一个家具能够满足多种需求，那么所需要的空间就会变少。因此，将床头柜与小桌板结合，使业主不需要沙发也能在床上很舒服地看电视，同时，也可以在床上看书、喝茶、办公之类的。这个空间中，大部分家具都装上了滚轮，方便它的各种功能的体现。这个床头柜也可以随着业主的想法而改变功能、位置、高度，等等。

为了体现空间的通透性，整个室内空间基本上没有固定的实体墙作为拦截，采用一些玻璃或者可移动的墙面进行划分空间，但考虑到业主的隐私性，在卧室的玻璃上设置了一道帘子，让业主既可以感受到夜幕降临的幽静，又能够安心地入睡。从二楼往一楼看，也是这个小空间中的一道景色。

卫生间 由于是单身公寓，再加上空间非常小，所以将卫生间的墙做成了玻璃墙面，使得空间变得更加通透、敞亮。但考虑到有客人的到来，因此加了两道帘子，一道在必要时遮挡外界，一道将卫生间干湿分离，使空间合理利用起来。在配色上选取了一些非常明亮的颜色，再配之稻田的颜色呼应主题，仿佛踏在稻田上一样，使业主在这里能够全身心地安静下来。考虑到空间狭小，没有设置洗手盆，与厨房共用，但是业主免不了早晨来不及梳妆，因此放置了一个简易的梳妆台。同时，卫生间外部的拐角是整个空间唯一会遮挡视线的墙面，因此将其设计成弧形，同样也在视觉上增加了空间的面积，使空间更为舒缓。

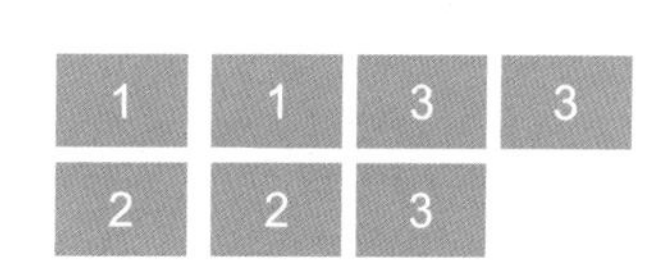

1 主卧储物空间 3 卫生间
2 主卧

1 阳台
2 装饰元素与植物
3 效果图
4 装饰元素

总结	整个空间的颜色都是从麦田、麦穗中提取的，大量的白色和各种浅黄色的搭配，使得空间看起来非常开阔、明亮。由于房型比较窄长，因此区域布置尽量靠两边墙而设，留出从门口到南边窗户比较畅通的一个走道，使得整个空间进深看起来比较深。空间中通过各种家具的多功能利用，区域的划分不太明确，比较灵活，可以增添一些生活中的小乐趣。储存空间的设计与“寻找麦田”相结合，使这个空间更为活泼。空间中的墙体基本上都被玻璃或者可移动的隔板所取代，也使得整个空间比较通透。
阳台和客房	阳台是为这个空间新增的一个区域，是一个容易被隐藏起来的区域。利用楼梯的轨道空间，楼梯成为“楼梯”时，这部分区域就可以被当作晾衣间使用。在楼梯背后还有一个储存空间即为存放阳台用品的区域，洗衣机、盆等都可以放在这个空间，而楼梯和顶棚之间留了一道空隙，就是为了能够错开晾衣架而设的。这样，空间的变化便可以很自由了，这也非常适合独居的人，灵活的空间变化也可以锻炼他们的身体。在阳台的另一侧则是榻榻米区域，这是个很大的储存空间，麦穗们也在其中等着去拾取。同时这个空间长1800mm，也能够满足业主希望自己家能够留宿别人的需要，将三块木板一拉上便成了一个新的室内空间。
装饰元素	空间的主题为“麦田”，空间内的颜色、造型都从麦穗、麦秆中提取。 选两幅画挂在起居室中，呼应空间整体氛围，色调也非常和谐。 在空间中会有一些绿植、麦穗盆栽等装饰品来丰富空间，显得空间更有自然气息一些。